U0188689

中国草原保护与牧场利用丛书

（汉蒙双语版）

名誉主编 任继周

北方地区苜蓿栽培技术

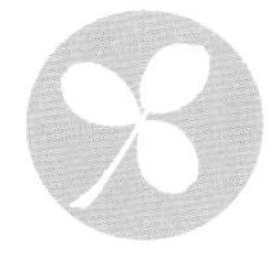

徐丽君 那 亚 王 波

著

上海科学技术出版社

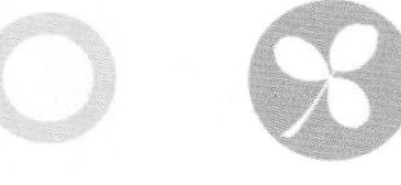

图书在版编目（CIP）数据

北方地区苜蓿栽培技术 / 徐丽君，那亚，王波著
. -- 上海 : 上海科学技术出版社，2021.1
（中国草原保护与牧场利用丛书 : 汉蒙双语版）
ISBN 978-7-5478-2975-2

Ⅰ. ①北… Ⅱ. ①徐… ②那… ③王… Ⅲ. ①紫花苜蓿一栽培技术 Ⅳ. ①S551

中国版本图书馆CIP数据核字(2020)第192620号

中国草原保护与牧场利用丛书（汉蒙双语版）

北方地区苜蓿栽培技术

徐丽君　那　亚　王　波　著

上海世纪出版(集团)有限公司
上　海　科　学　技　术　出　版　社　出版、发行
（上海钦州南路71号　邮政编码200235　www.sstp.cn）
上海中华商务联合印刷有限公司印刷
开本 787×1092　1/16　印张 13
字数 210千字
2021年1月第1版　2021年1月第1次印刷
ISBN 978-7-5478-2975-2 / S·190
定价：80.00元

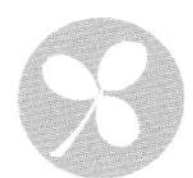

中国草原保护与牧场利用丛书（汉蒙双语版）

编／委／会

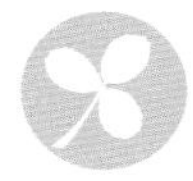

序

“中国草原保护与牧场利用丛书（汉蒙双语版）”很有特色，令人眼前一亮。

这是一套朴实无华，尊重自然，贴近生产，心里装着牧民和草原生态系统的小智库。该套丛书采用汉蒙两种语言表达了编著者对草原的理解和关怀。这是我国新一代草地科学工作者的青春足迹，弥足珍贵。它记录了编著者的忠诚心志和科学素养，彰显了对草原生态系统整体关怀的现代农业伦理观。

我国是个草原大国，各类天然草原近4亿公顷，约占陆地面积的40%以上，为森林面积的2.5倍、耕地面积的3.2倍，是我国面积最大的陆地生态系统。草原不仅是我国陆地的生态屏障，也是草原与它所养育的牧业民族所共同铸造的草原文明的载体。这是无私的自然留给中华民族的宝贵遗产。我们应清醒地认知，内蒙古草原，尤其是呼伦贝尔草原是欧亚大草原仅存的一角，是自然的、历史的遗产。

这里原本是生草土发育良好，草地丰茂，畜群如云，居民硕壮，万古长青的草地生态系统，人类文明的重要组分，是中华民族获得新鲜活力的源头之一。但是由于农业伦理观缺失的历史背景，先后被农耕生态系统和工业生态系统长期、不断地入侵和干扰，草原生态系统的健康遭受破坏，变为“生态脆弱区”。

目前大国崛起的形势已经到来，我们对草原的科学保护、合理利用、复壮草原生态系统势在必行。党的十九届四中全会提出“坚持和完善生态文明制度体系，促进人与自然和谐共生”。保护好草原，建设好草原生态文明，就是关系边疆各族人民生产、生活和生

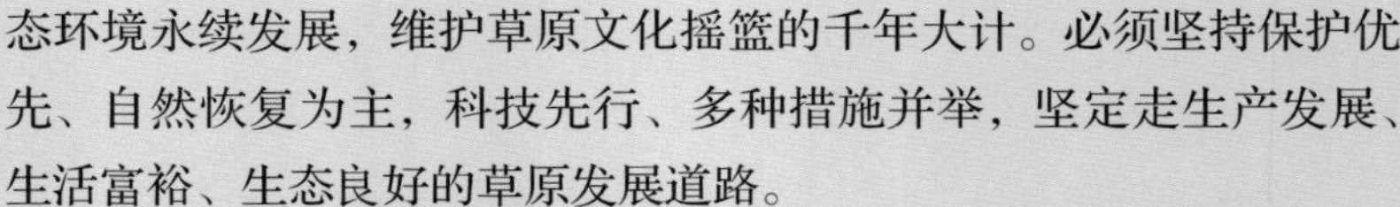

态环境永续发展，维护草原文化摇篮的千年大计。必须坚持保护优先、自然恢复为主，科技先行、多种措施并举，坚定走生产发展、生活富裕、生态良好的草原发展道路。

目前，草原科学新理念、新技术、新成果多以汉文材料为主，草原牧民汉语识别能力较弱，增加了在少数民族牧民中推广的难度。为此，该套丛书采用汉蒙双语对照，图文并茂，以便牧区广大群众看得懂、学得会和用得上，广泛推广最新研究成果，促进农牧民对汉字的识别能力。

该套丛书涵盖了草原保护与利用、栽培草地建植与管理等实用技术与原理，贯彻最新中央精神，可满足全国高校院所、农业、林业和草业部门对草牧业教材和乡村振兴战略读本的迫切需求。该套丛书的出版，可为恢复“风吹草低见牛羊”的富饶壮美的草原画卷提供有力支撑。

序于涵虚草舍，2019年初冬

ᠤᠷᠢᠳᠤ ᠦᠭᠡ

[illegible]

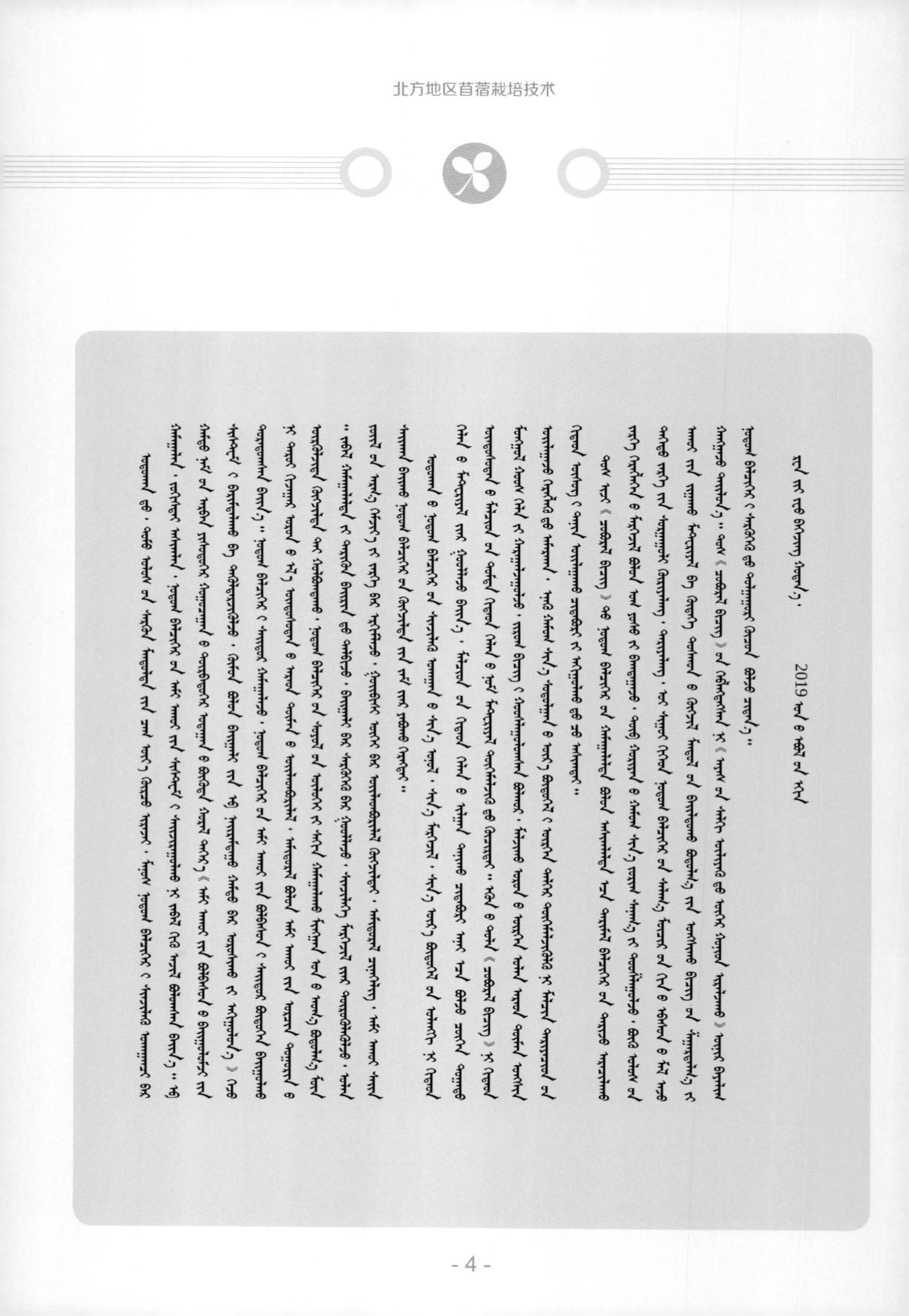

[illegible]

2019

[illegible]

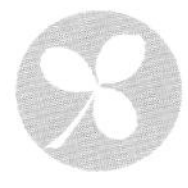

前／言

苜蓿亦饲亦肥、亦蔬亦药，素有“牧草之王”和“食物之父”的美誉，在我国已有2 000多年的种植史。苜蓿不仅是我国草地农业的主要作物，也是生态治理的重要草种，更是畜牧业赖以发展的重要物质基础。随着我国农业产业结构的不断优化、生态保护的不断推进和畜牧业的不断发展，特别是奶业对苜蓿需求量的不断增加，我国苜蓿种植业得到了持续快速发展，种植水平不断提高，种植规模不断扩大，产业化程度不断提升，经济效益、生态效益和社会效益不断凸显，苜蓿产业已成为我国草业的支柱产业。

我国北方是草原集中分布区域，也是草地畜牧业发达区域。然而随着气候变化，特别是近些年连续干旱，加之人为干扰，草原超载过牧、乱砍滥伐等问题较为严重，草原优势植物群落比例下降、土壤养分日渐贫瘠，草场牧草品质降低、产量下降，优质饲草料不足，草畜矛盾日益凸显，严重影响当地草原畜牧业的可持续发展。

本书集中阐述苜蓿如何选种、种植、管理、收获及其注意事项，内容是基于多年的研究成果整理而成。全书采用简单易懂的语言，汉蒙两种文字撰写而成，旨在为科研人员、农技人员，特别是为农牧民提供通俗易懂的技术资料，让读者看得懂易操作，让苜蓿种植不再是难事。发展牧草产业，提高牧草供给能力，减轻家畜对草原的压力，使退化的草原得以休养生息，让草原恢复秀美，实现广大牧民的中国梦。

本书成果的积累得到了多项科研项目的资助，包括：科技部重点研发项目（2016YFC0500600、2018YFF0213405）、国家自然基金青

年项目（41703081）、中国农业科学院创新工程、农业农村部国家牧草产业技术体系经费（CARS-34）、科技部国家农业科学数据共享中心-草地与草业数据分中心、农业农村部呼伦贝尔国家野外台站运行经费等科研项目，开展了大量试验研究与示范推广工作，取得了丰硕的成果。正因为有了这些项目的支持，我们才能开展持续的研究，取得第一手资料，为本书的撰写奠定基础。在本书即将付梓之时，对提供项目资助的有关部门表示衷心的感谢。

从主观上讲，我们竭尽所能希望这本书内容趋于完善，但由于学力不足、能力所限，难免有疏漏或不妥乃至错误，恳请读者批评指正。

2019年冬

ᠤᠷᠢᠳᠤ ᠦᠭᠡ

[illegible]

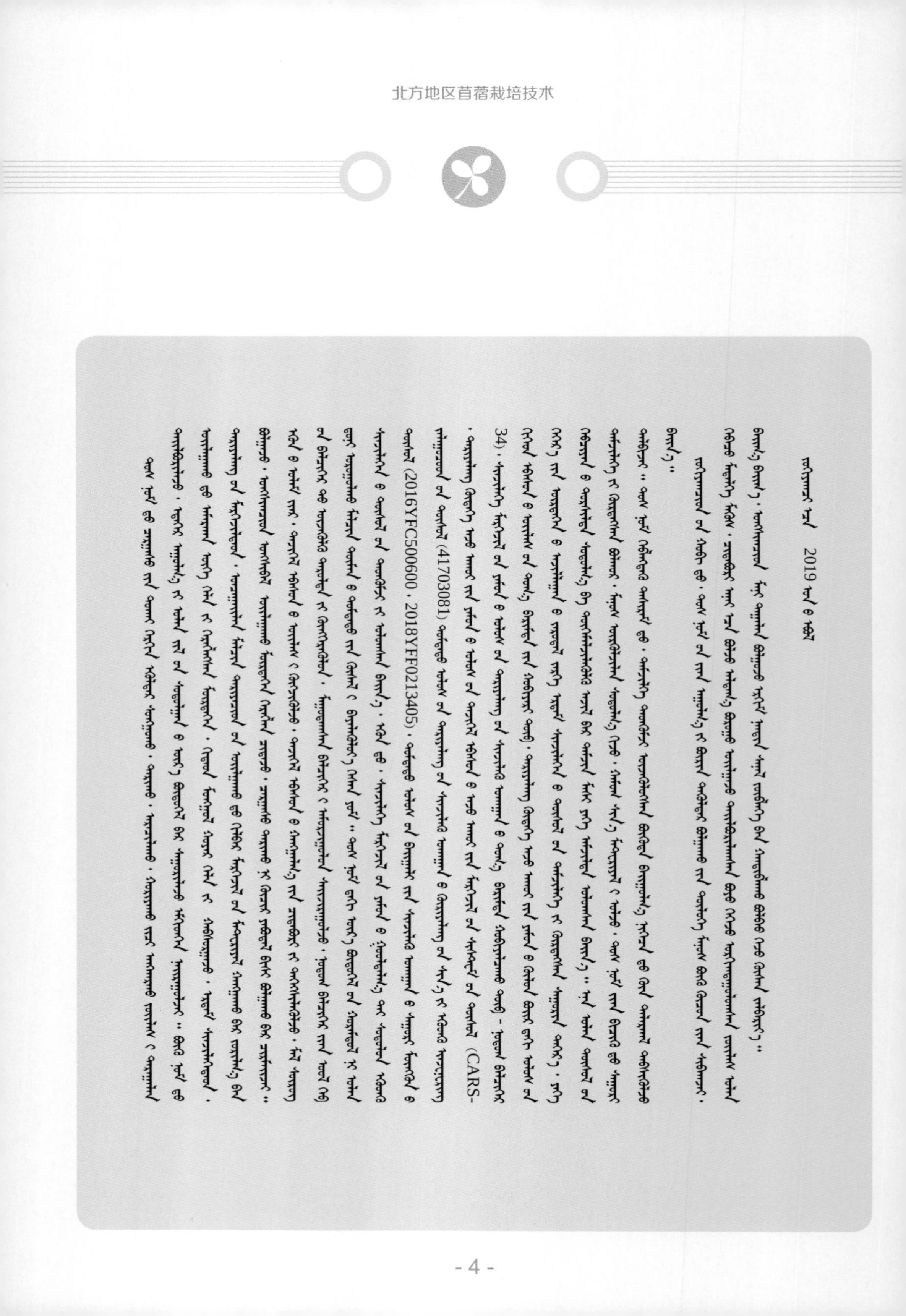

目 / 录

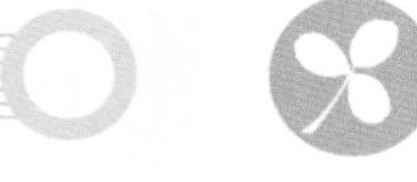

ᠭᠠᠷᠴᠠᠭ

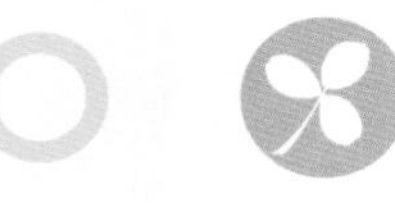

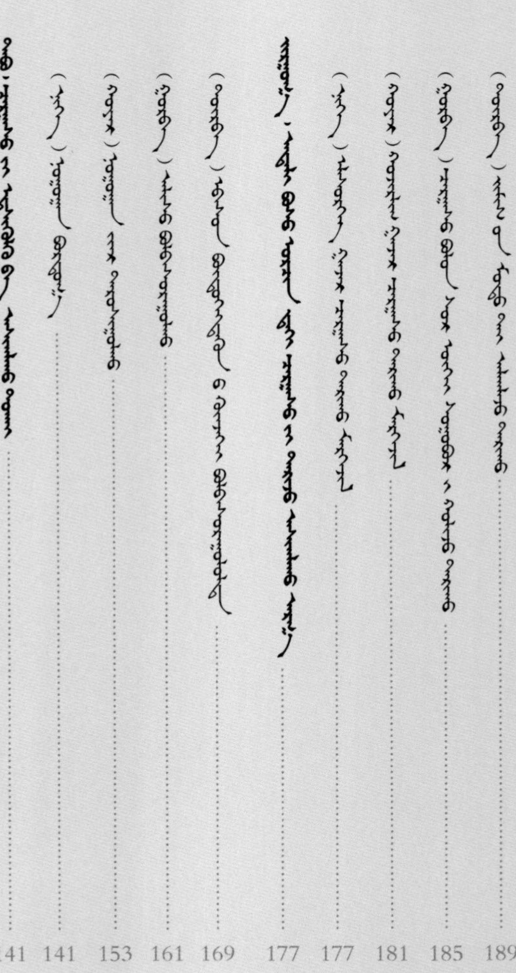
141
141
153
161
169
177
177
181
185
189

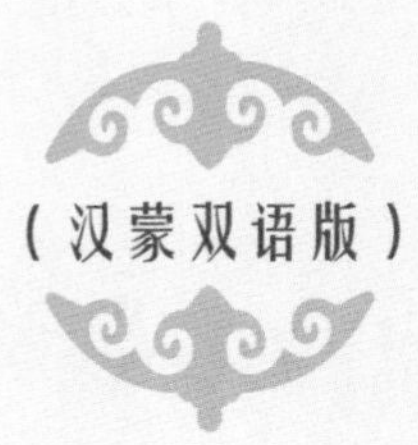

北方地区苜蓿栽培技术

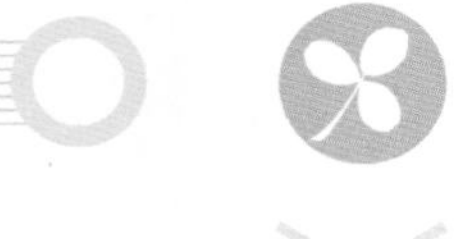

一、为什么要种苜蓿

（一）满足畜禽对蛋白质的需求

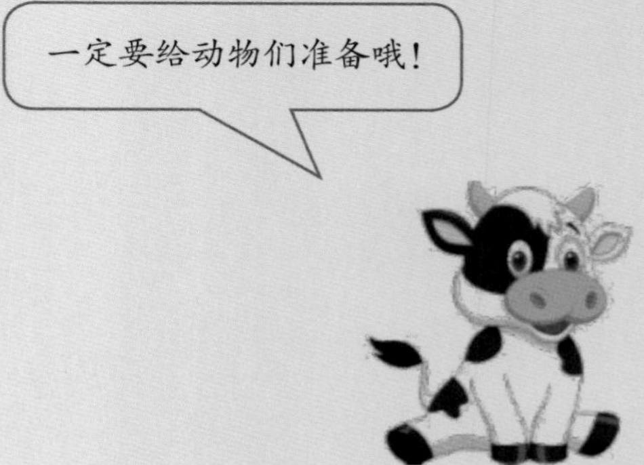

苜蓿是所有饲草中，营养物质最丰富、饲用价值最高的草种。在养殖业生产实践中可以代替部分或全部的精饲料。紫花苜蓿无论是青饲、调制干草、青贮或加工成草粉、草颗粒、草块均具有很高的营养价值和很好的适口性。

苜蓿可以满足畜禽生长时蛋白质的需求，特别是在提高奶牛产奶的品质，降低养殖成本，有很大的作用，是必备的饲草。

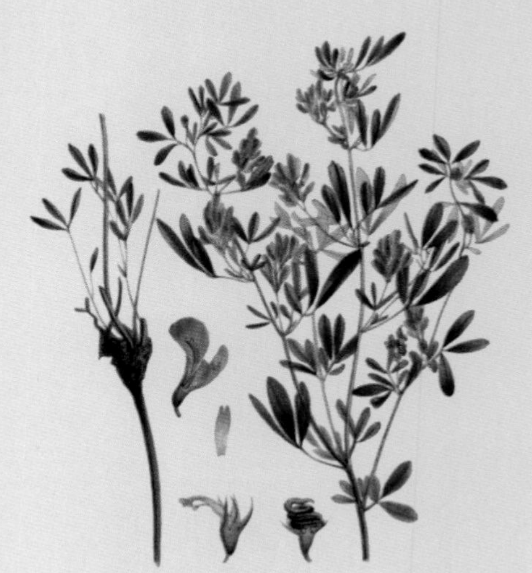

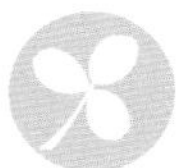

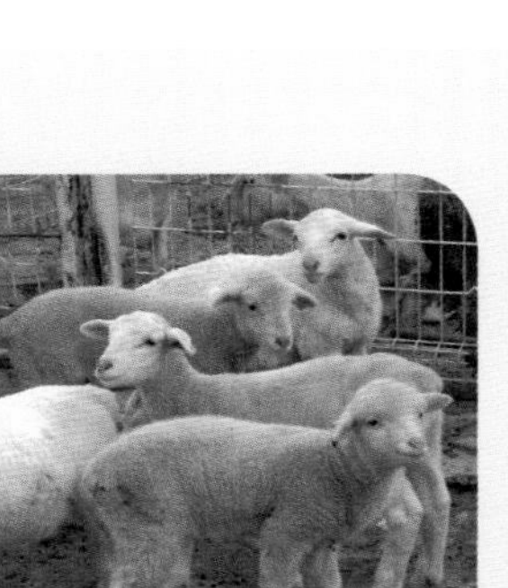

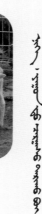

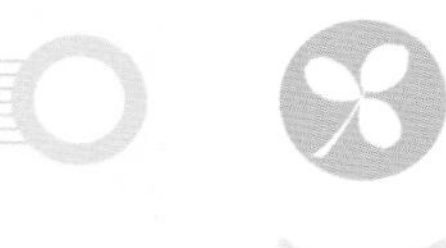

苜蓿干草对提高家畜的增重速度、奶牛泌乳量和乳品质量以及家禽产蛋量和质量都具有明显的作用，调制干草和青贮后饲喂畜禽基本上具有同样的效果。

目前奶牛所需的苜蓿，猪、羊、鸡等动物所需的苜蓿草粉长期得不到根本解决。

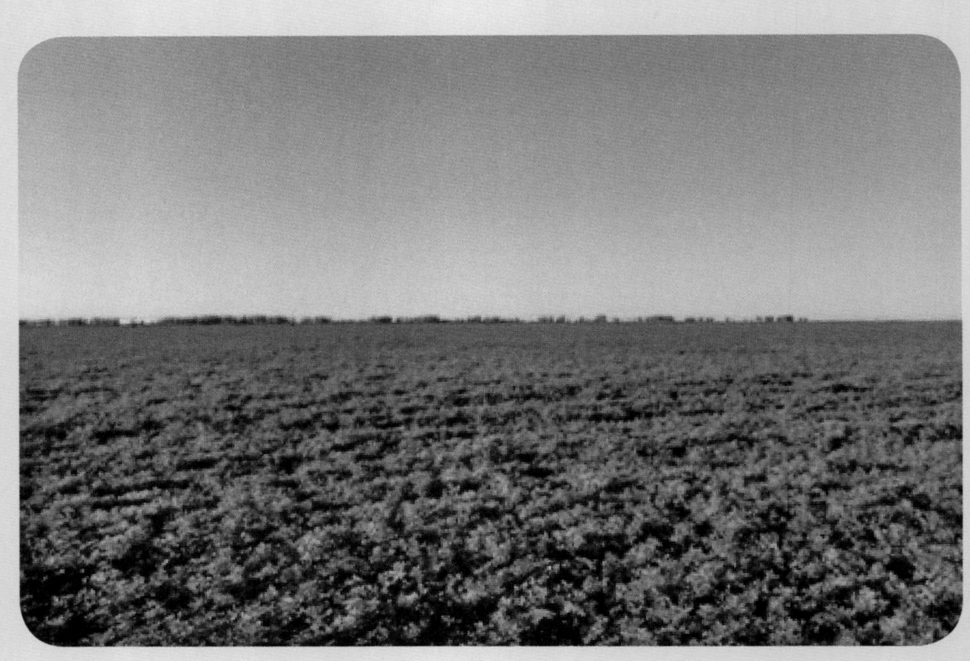

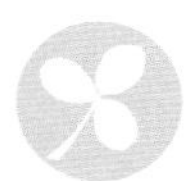

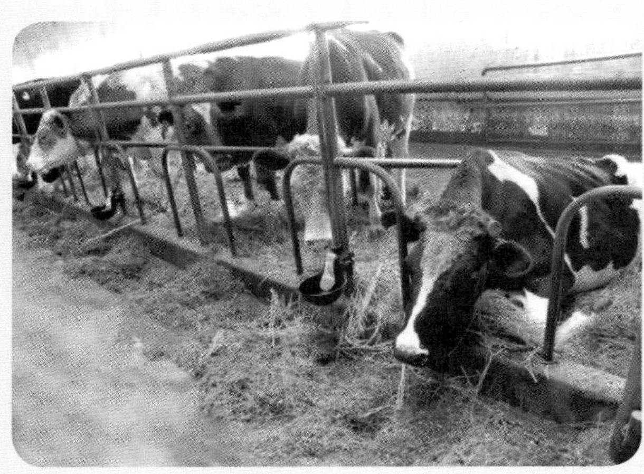

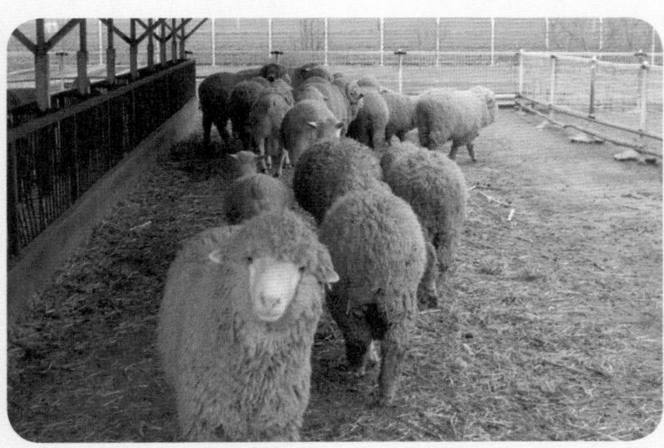

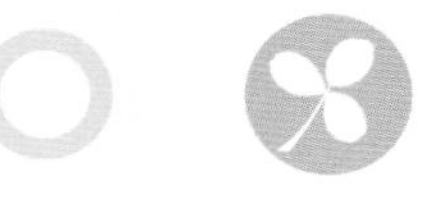

（二）改良土壤的先锋植物

苜蓿是草田轮作中的主要饲草作物。苜蓿根系发达，入土深，可增加土壤有机质和矿物质含量效果显著。对土壤可起到较好的机械切割和穿透作用，很好地改善土壤的物理性状，增加土壤团粒状结构，提高土壤持水能力和肥力供应能力。

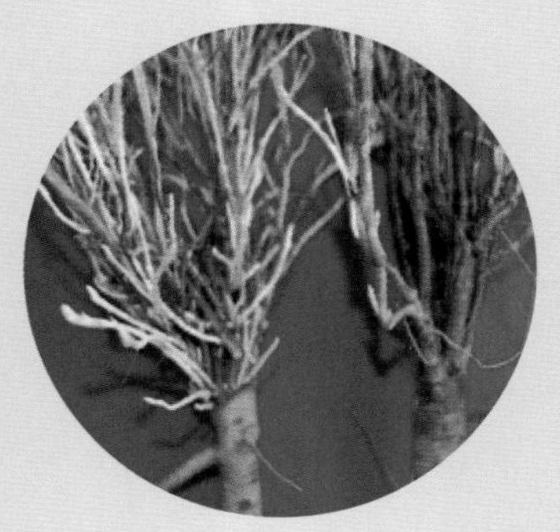

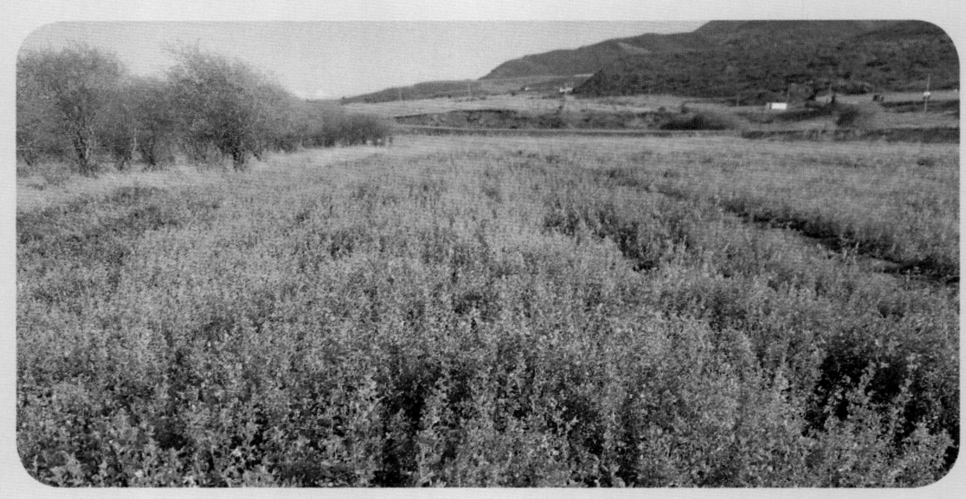

[illegible]

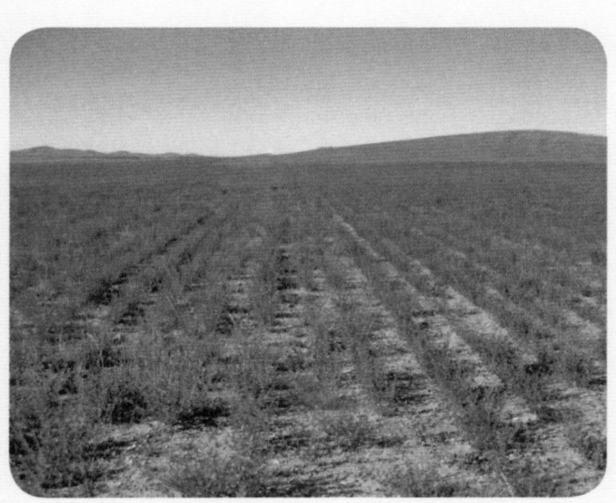

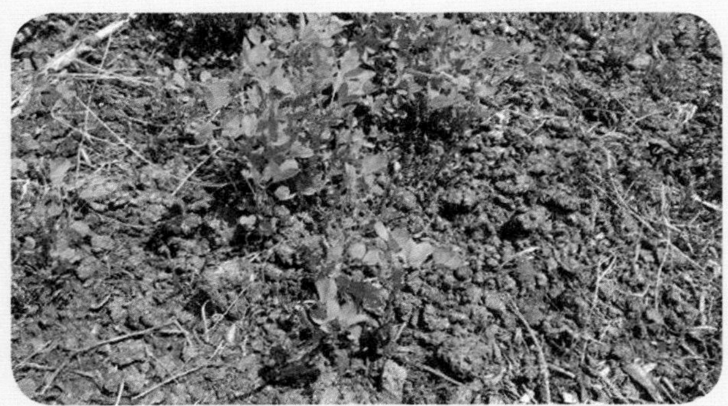

[illegible]

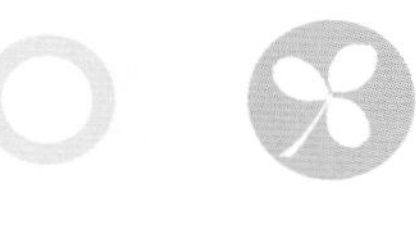

（三）植被恢复与重建的主要草种

苜蓿在兼顾生态治理效果的同时，较高的牧草产量和品质也带来了较高的经济效益，是生产与生态二者兼顾的最好的牧草种类之一。苜蓿以其抗寒、耐旱、再生性好、生长迅速、地上及地下部的生态防护效果好等特性在生态治理与建设中发挥了重要作用。

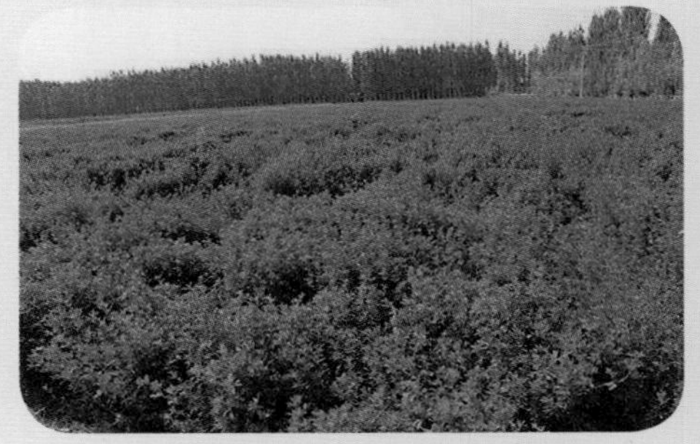

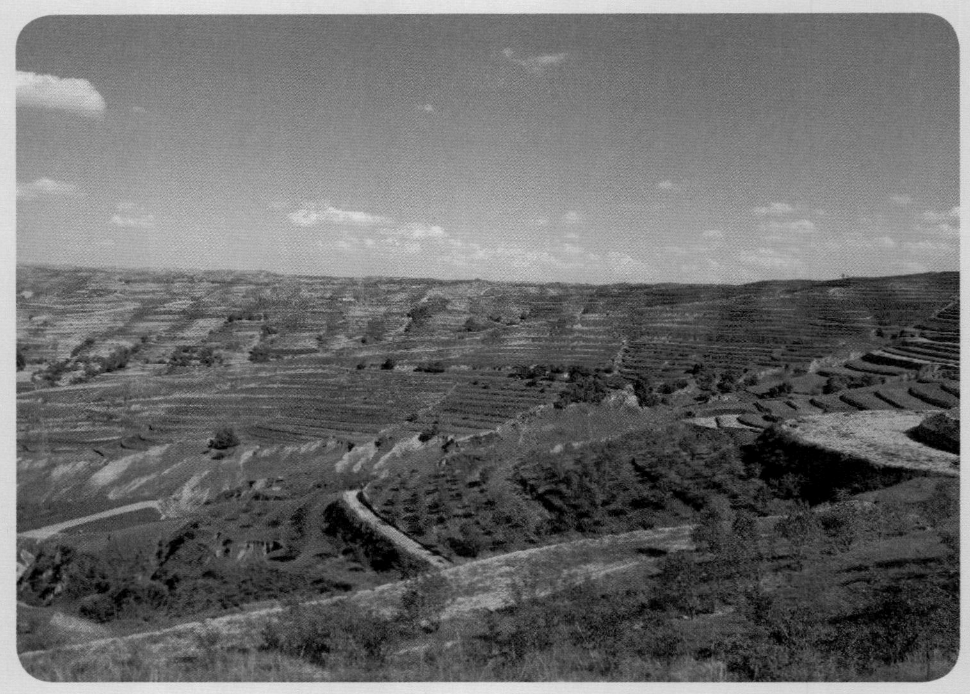

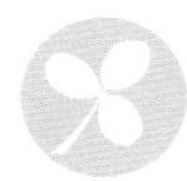

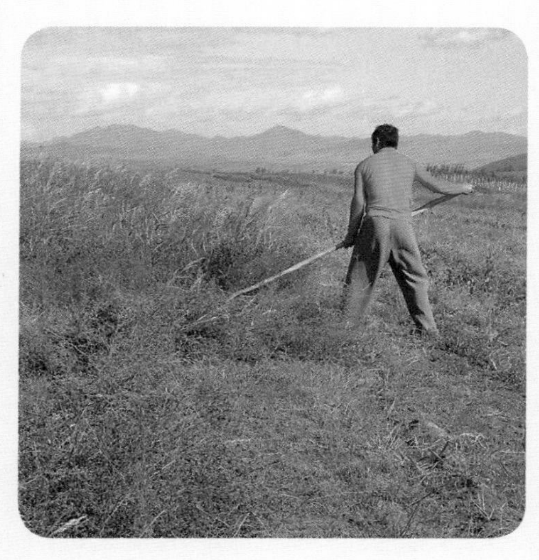

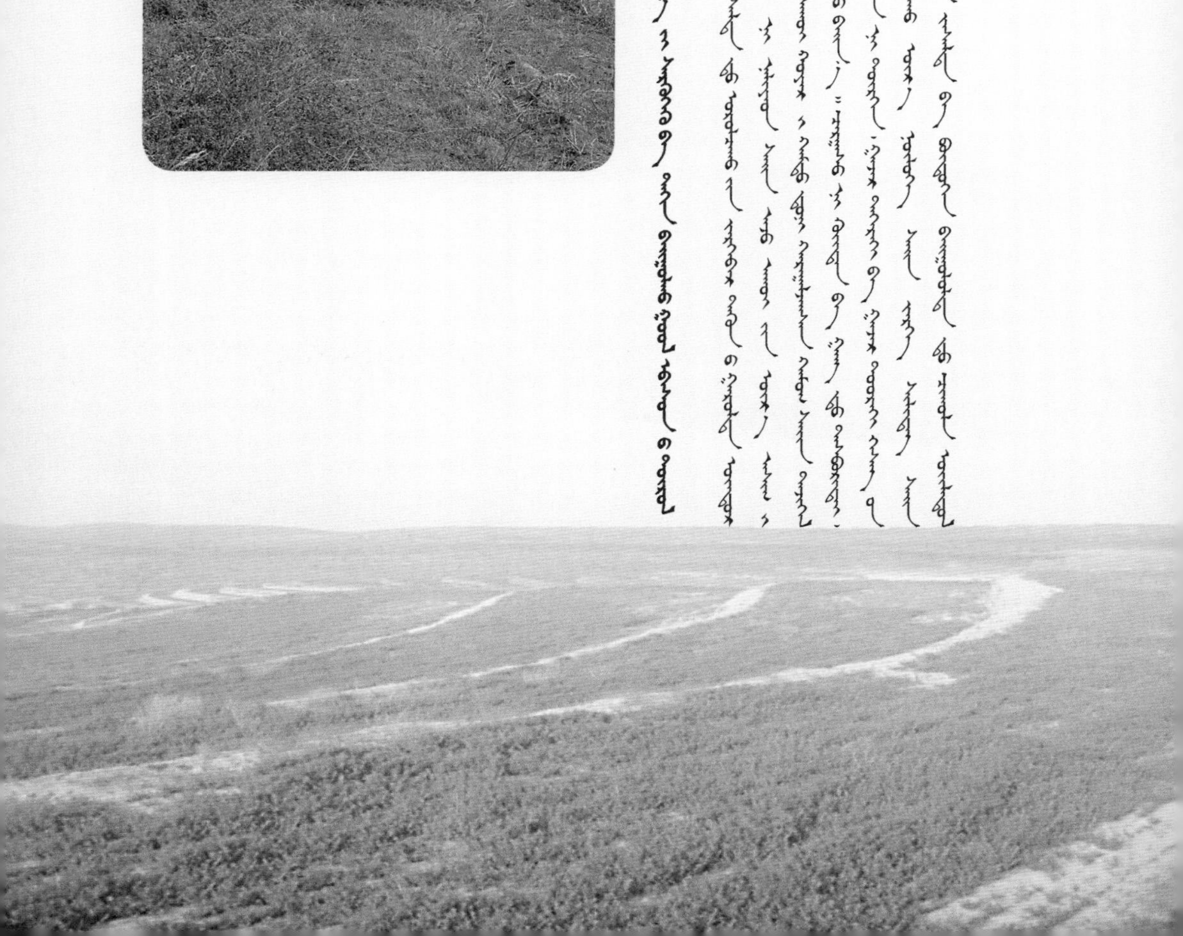

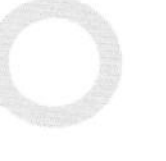
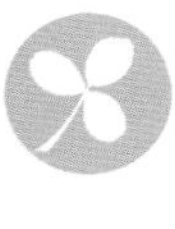

（四）草产品生产的主要草种

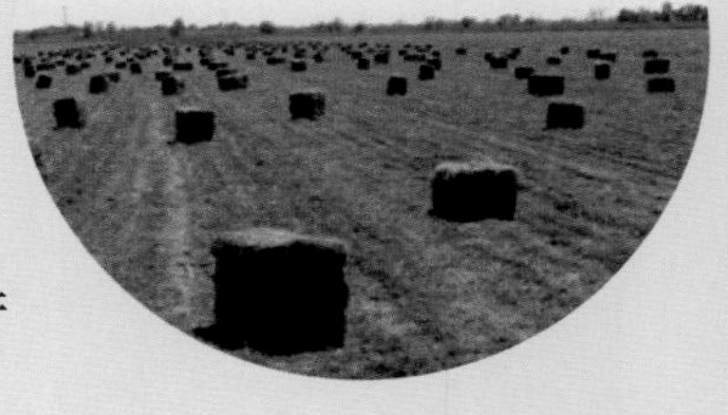

世界不同地区进行的草产品贸易主要是以紫花苜蓿为主，我国草产品生产也主要以紫花苜蓿为原料，有一整套科学的收获方法、调制技术和加工工艺，还有与之相配套的翻晒、打捆、烘干、粉碎及制粒和制块机械设备。

我国苜蓿的主要产品有：草捆、草粉、草颗粒、草块和青贮等初级草产品；皂甙、类黄酮、多糖类、维生素、多酚和叶蛋白等生物产品；种子。

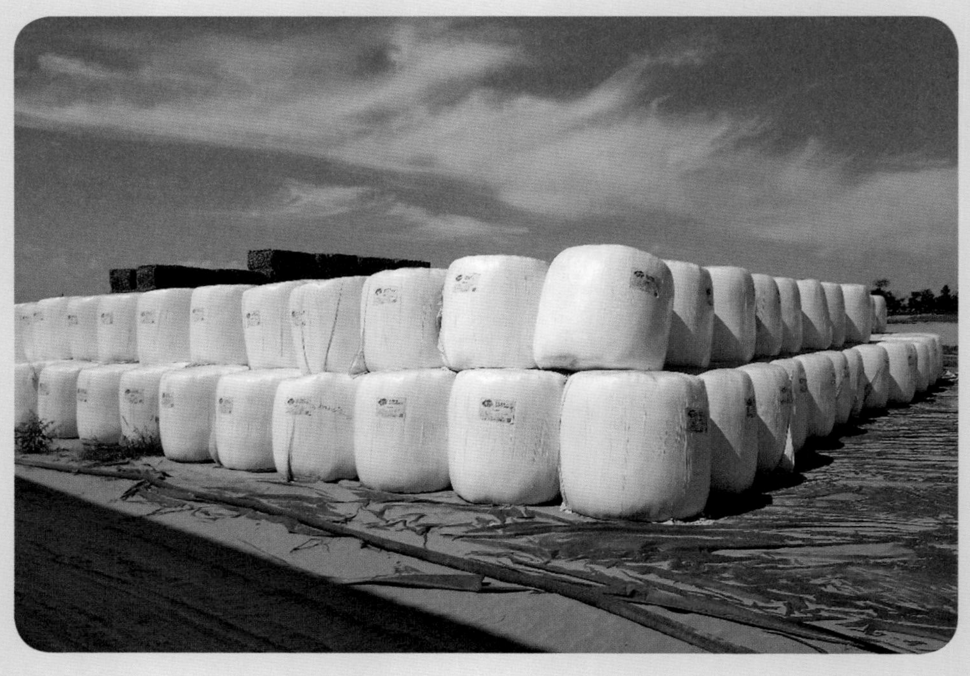

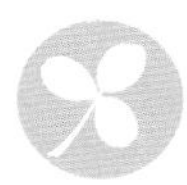

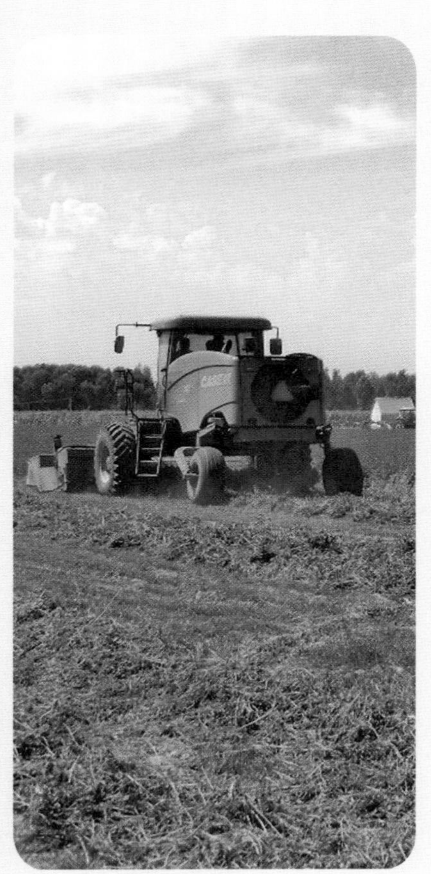

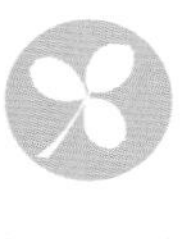

（五）苜蓿从哪里来

我国栽培苜蓿已经有2 000多年的历史，苜蓿栽培起源于汉代长安，公元前126年汉代张骞出使西域从大宛带回紫花苜蓿种子。“善马十匹，中马以下牝牡三千。”（《史记·大宛列传》），随马带回的有苜蓿以及葡萄、胡桃等种子，在长安试种，从而苜蓿成为内地最早引入的西域植物之一。后发展到黄河中上游地区，主要作为绿肥作物种植，逐步扩展到长江下游及中原地区。

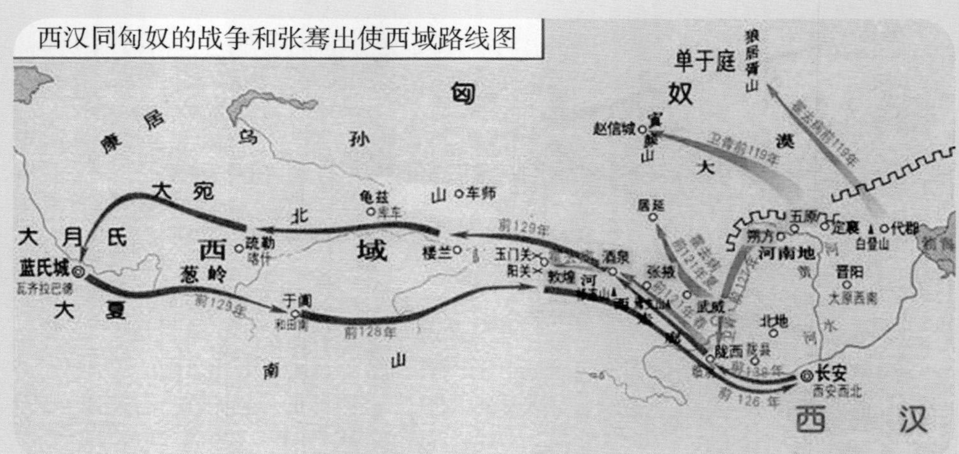

西汉同匈奴的战争和张骞出使西域路线图

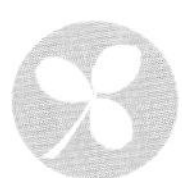

(ᠬᠣᠶᠠᠷ) ᠲᠠᠷᠢᠯᠠᠯᠲᠠ ᠶᠢᠨ ᠲᠡᠦᠬᠡ

ᠮᠠᠨ ᠤ ᠤᠯᠤᠰ ᠲᠤ ᠲᠠᠷᠢᠯᠠᠯᠲᠠ ᠶᠢᠨ ᠲᠡᠦᠬᠡ 2 000 ᠭᠠᠷᠤᠢ ᠵᠢᠯ ᠦᠨ ᠡᠮᠦᠨ᠎ᠡ ᠡᠴᠡ ᠡᠬᠢᠯᠡᠭᠰᠡᠨ᠂ ᠮᠡᠳᠡᠭᠳᠡᠭᠰᠡᠨ ᠪᠠᠷᠢᠮᠲᠠ ᠪᠠᠶᠢᠭᠰᠠᠨ ᠨᠢ ᠲᠠᠷᠢᠯᠠᠯᠲᠠ ᠶᠢᠨ ᠲᠠᠯᠠᠪᠠᠢ ᠨᠢ ᠦᠷᠭᠡᠵᠢᠨ ᠨᠡᠮᠡᠭᠳᠡᠵᠦ ᠪᠠᠶᠢᠨ᠎ᠠ᠃ 126 ᠣᠨ ᠳᠤ ᠪᠣᠯᠪᠠᠯ ᠲᠠᠷᠢᠯᠠᠯᠲᠠ ᠶᠢᠨ ᠮᠡᠳᠡᠭᠳᠡᠯ ᠢ ᠪᠢᠴᠢᠭᠰᠡᠨ ᠪᠠᠶᠢᠨ᠎ᠠ᠂ ᠮᠣᠩᠭᠣᠯ ᠤᠯᠤᠰ ᠤᠨ ᠲᠠᠷᠢᠯᠠᠯᠲᠠ ᠶᠢᠨ ᠲᠡᠦᠬᠡ ᠨᠢ ᠬᠠᠮᠤᠭ ᠤᠨ ᠡᠷᠲᠡᠨ ᠦ ᠪᠠᠶᠢᠨ᠎ᠠ᠃ ᠪᠣᠯᠪᠠᠰᠤ ᠨᠢ ᠲᠠᠷᠢᠯᠠᠯᠲᠠ ᠶᠢᠨ ᠠᠷᠭ᠎ᠠ ᠪᠠᠷ ᠤᠯᠠᠮ ᠳᠡᠭᠡᠭ᠍ᠰᠢᠯᠡᠭᠦᠯᠦᠨ ᠪᠠᠶᠢᠭᠤᠯᠵᠤ ᠪᠠᠶᠢᠨ᠎ᠠ᠃

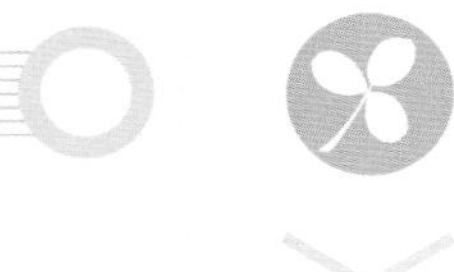

二、我国的苜蓿种植现状

（一）我国苜蓿种植面积有多少

在长期的栽培种植过程中，黄河流域及其以北的广大地区，包括西北、华北的大部，东北的中部、南部，以及华北平原北部地区，大致在北纬35°～43°均有大面积的苜蓿种植。截至2017年，我国苜蓿种植面积达43 747.33平方千米，占我国多年生牧草种植面积的30.4%。其中甘肃、新疆、内蒙古既是我国苜蓿的发源地，又是我国苜蓿的主要产区，占全国苜蓿总面积的68%。

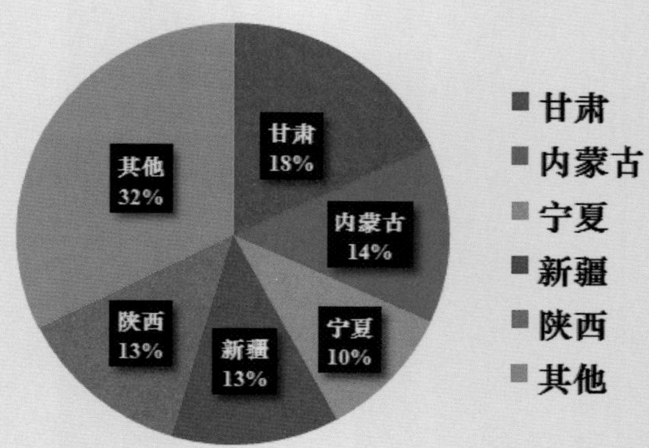

2017年我国各省苜蓿种植面积占全国苜蓿总面积的比例

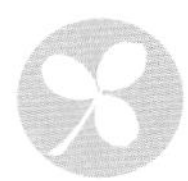

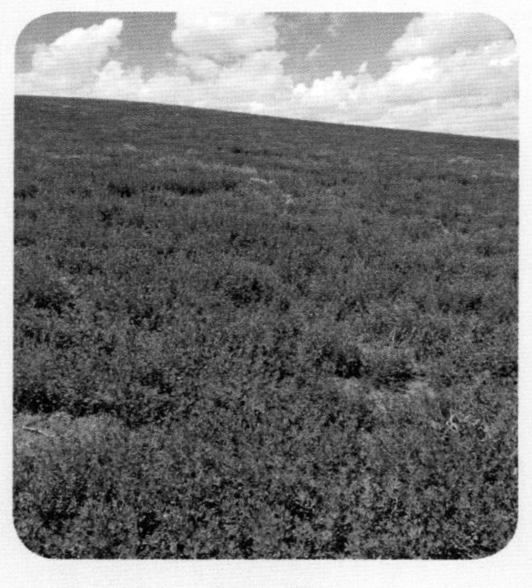

呼伦贝尔

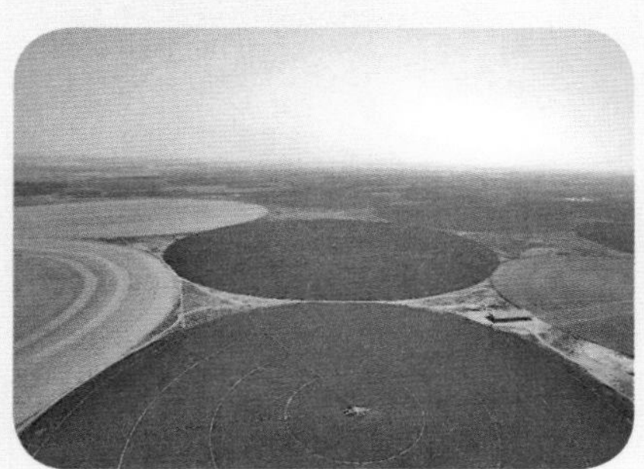

赤峰

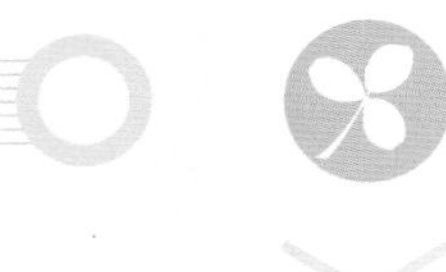

随着我国苜蓿栽培技术的不断进步和苜蓿品种的多元化，苜蓿适应性逐步提高，分布区域持续扩展。苜蓿种植区向传统分布区域的南、北两翼扩展，如北方已在黑龙江的富锦市（北纬47°）种植多年，近几年在内蒙古的海拉尔区（北纬49°）也有苜蓿种植成功的案例；如南方在四川、重庆、湖北、海南等地也有苜蓿种植成功的案例。

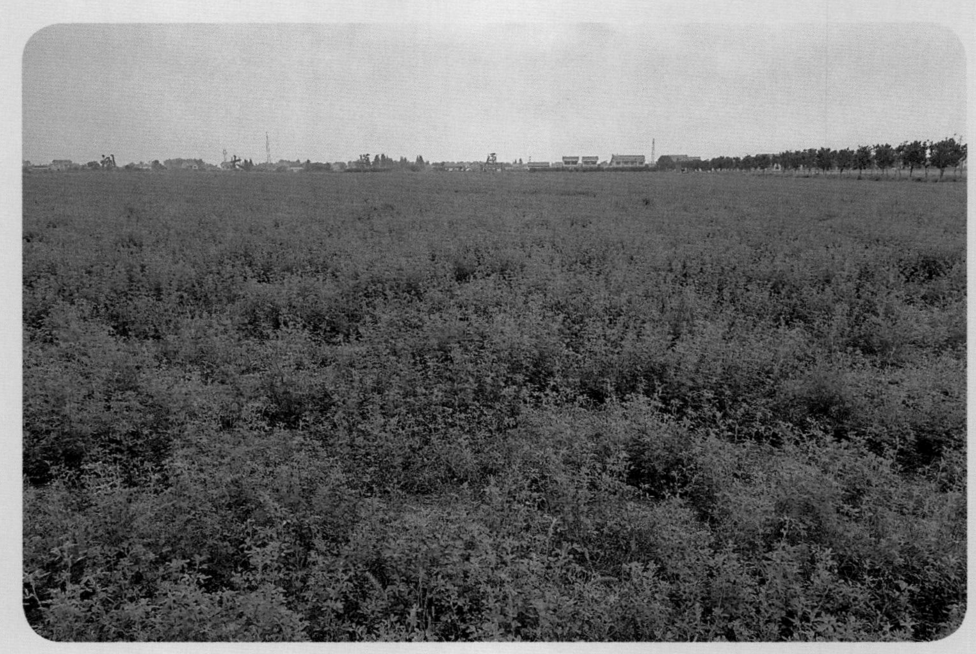

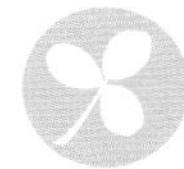

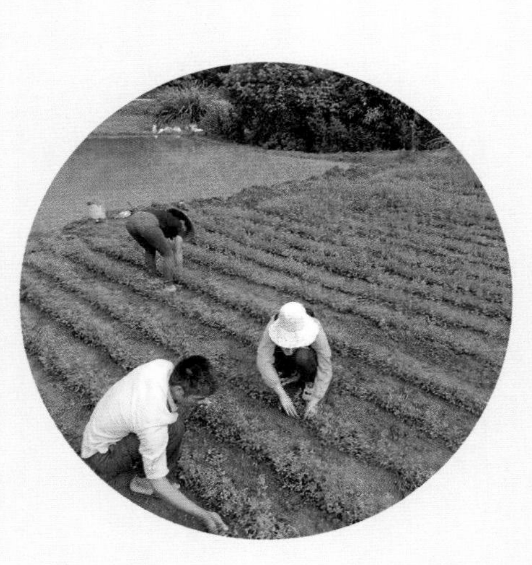

ᠢ ᠶᠢᠨ ᠪᠦᠰᠡ ᠳᠦ ᠬᠠᠮᠠᠷᠤᠭᠳᠠᠬᠤ ᠮᠣᠷᠢᠨ ᠪᠤᠷᠴᠠᠭ ᠤᠨ ᠲᠠᠷᠢᠯᠠᠩ ᠤᠨ ᠭᠣᠣᠯ ᠣᠷᠣᠨ ᠪᠣᠯ ᠬᠣᠶᠢᠳᠤ ᠶᠢᠨ ᠳᠣᠣᠷᠠᠬᠢ ᠮᠤᠵᠢ ᠣᠷᠣᠨ ᠪᠣᠯᠤᠨ᠎ᠠ᠂ ᠡᠨᠡ ᠪᠣᠯ ᠬᠣᠶᠢᠳᠤ ᠥᠷᠭᠡᠷᠢᠭ ᠤᠨ ᠭᠠᠵᠠᠷ (ᠬᠣᠶᠢᠳᠤ ᠥᠷᠭᠡᠷᠢᠭ ᠤᠨ 49°) ᠲᠤ ᠬᠦᠷᠳᠡᠭ ᠪᠥᠭᠡᠳ ᠂ ᠬᠣᠶᠢᠳᠤ ᠥᠷᠭᠡᠷᠢᠭ ᠤᠨ ᠭᠠᠵᠠᠷ (ᠬᠣᠶᠢᠳᠤ ᠥᠷᠭᠡᠷᠢᠭ ᠤᠨ 47°) ᠲᠤ ᠲᠠᠷᠢᠬᠤ ᠳᠤ ᠂ ᠬᠠᠮᠤᠭ ᠤᠨ ᠣᠯᠠᠨ ᠪᠣᠯᠤᠨ᠎ᠠ ᠂ ᠬᠦᠢᠲᠡᠨ ᠳᠦ ᠲᠡᠰᠪᠦᠷᠢ ᠰᠠᠢᠲᠠᠢ ᠂ ᠭᠠᠩ ᠳᠤ ᠲᠡᠰᠪᠦᠷᠢ ᠰᠠᠢᠲᠠᠢ ᠂ ᠳᠠᠭᠠᠭᠠᠳ ᠲᠠᠷᠢᠯᠠᠩ ᠤᠨ ᠠᠷᠭ᠎ᠠ ᠬᠡᠮᠵᠢᠶ᠎ᠡ ᠶᠢ ᠳᠠᠭᠠᠵᠤ ᠲᠠᠷᠢᠬᠤ ᠳᠤ ᠲᠣᠬᠢᠷᠠᠮᠵᠢᠲᠠᠢ ᠶᠢᠨ ᠪᠠᠶᠢᠨ᠎ᠠ ᠄

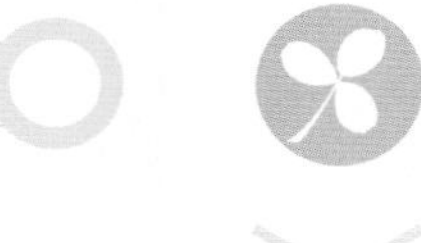

（二）苜蓿长啥样

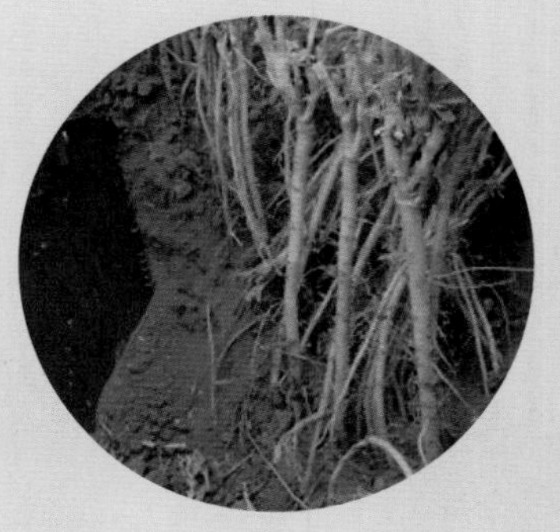

苜蓿，多年生草本，也就是常说的宿根植物，播种一次可生长多年。

1. 根系

主根深入土中呈圆柱形或圆锥形。种植当年根入土深达1米，生长多年的主根长达10米以上，根颈入土深浅与耐寒性和耐牧性有关。

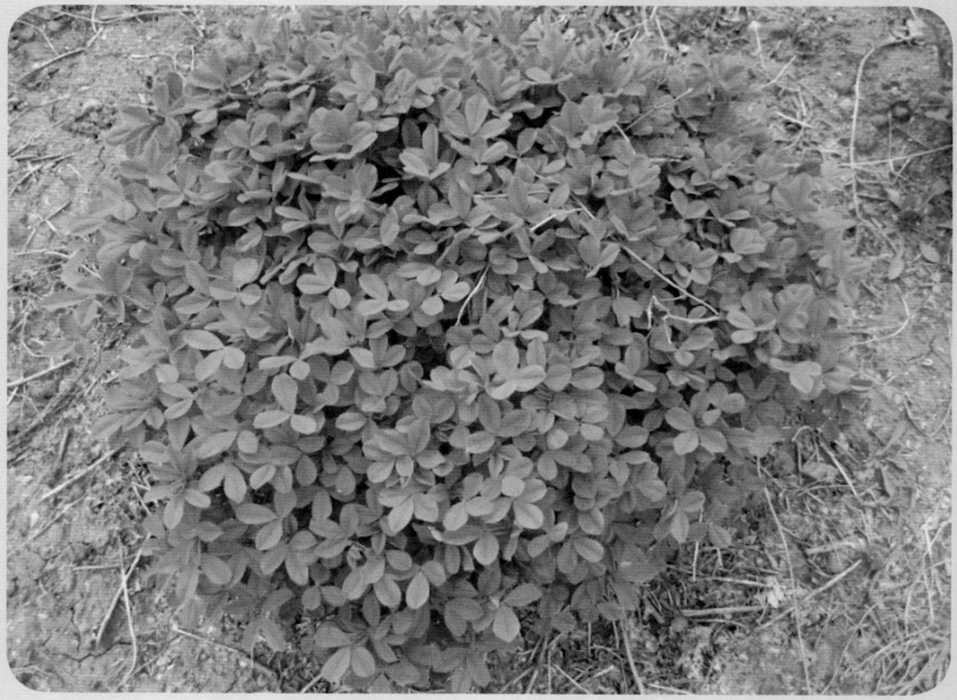

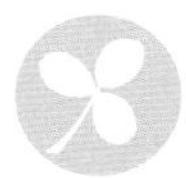

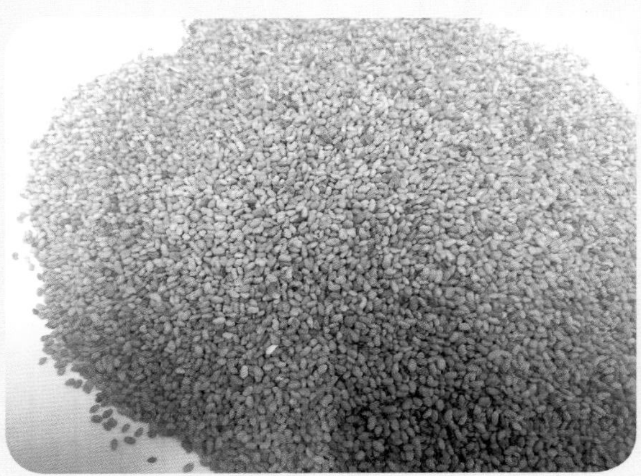

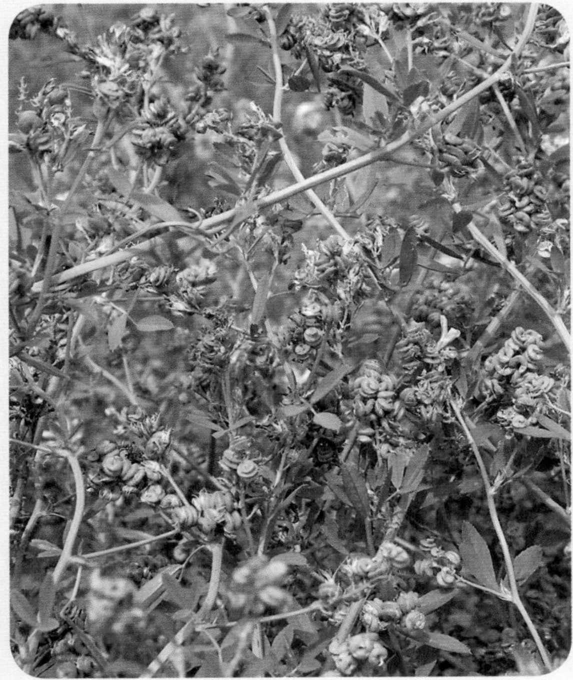

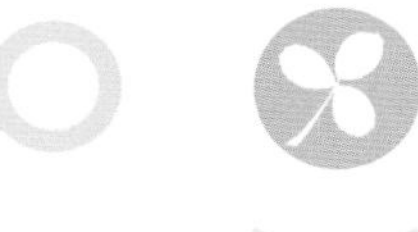

2. 茎和叶

苜蓿的茎直立、半直立或匍匐，有分枝，自叶腋生出。茎秆光滑，呈浅绿色。一般紫花苜蓿的茎为直立型或半直立型，黄花苜蓿的茎为半直立型或匍匐型，杂花苜蓿三种类型均有。苜蓿的叶为三出复叶，小叶倒卵形、长椭圆形或倒披针形。

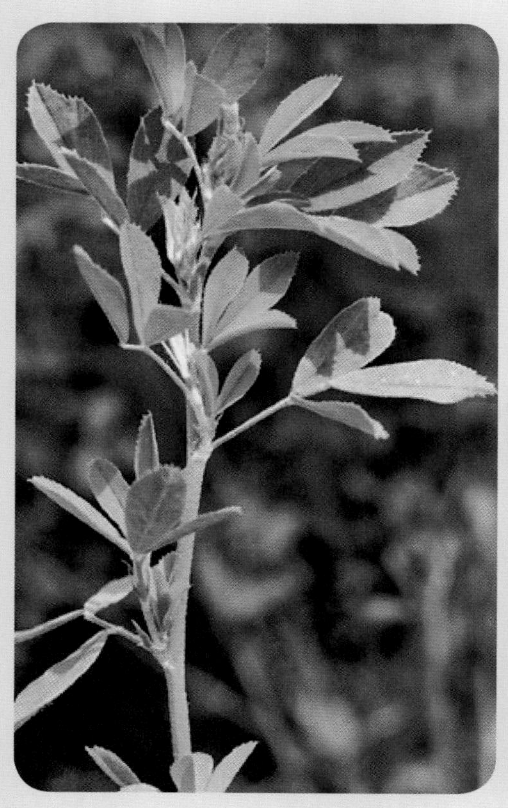

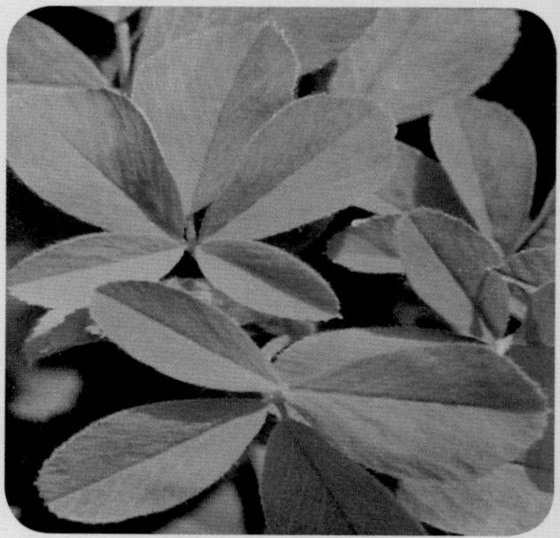

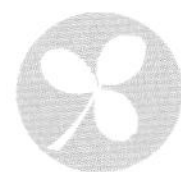

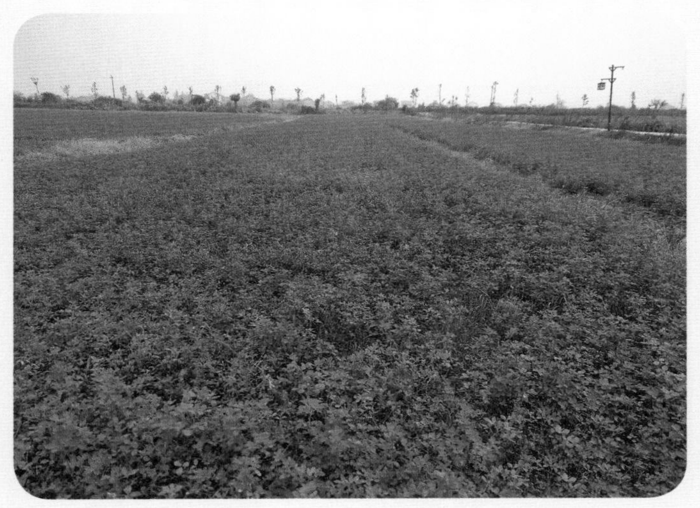

[illegible]

2. ᠤᠰᠤ ᠤᠭᠤᠯᠭ᠎ᠠ

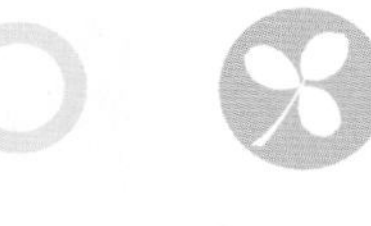

3. 花

总状花序，蝶形花冠。紫花苜蓿的花色为紫色或蓝紫色，黄花苜蓿为黄色，杂花苜蓿花色较杂。

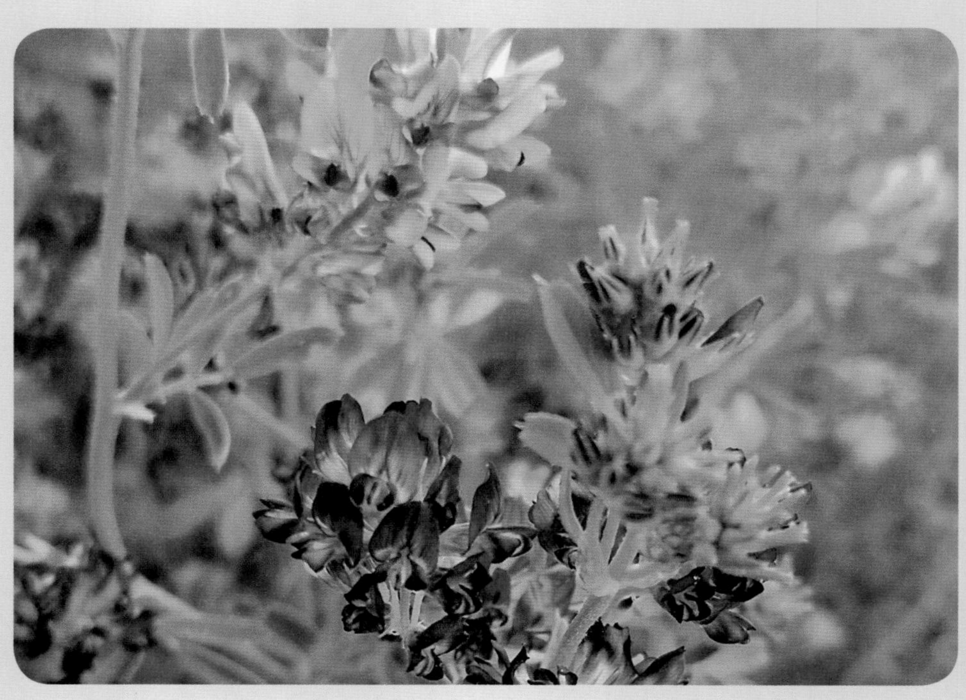

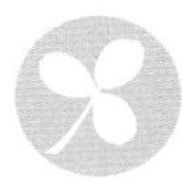

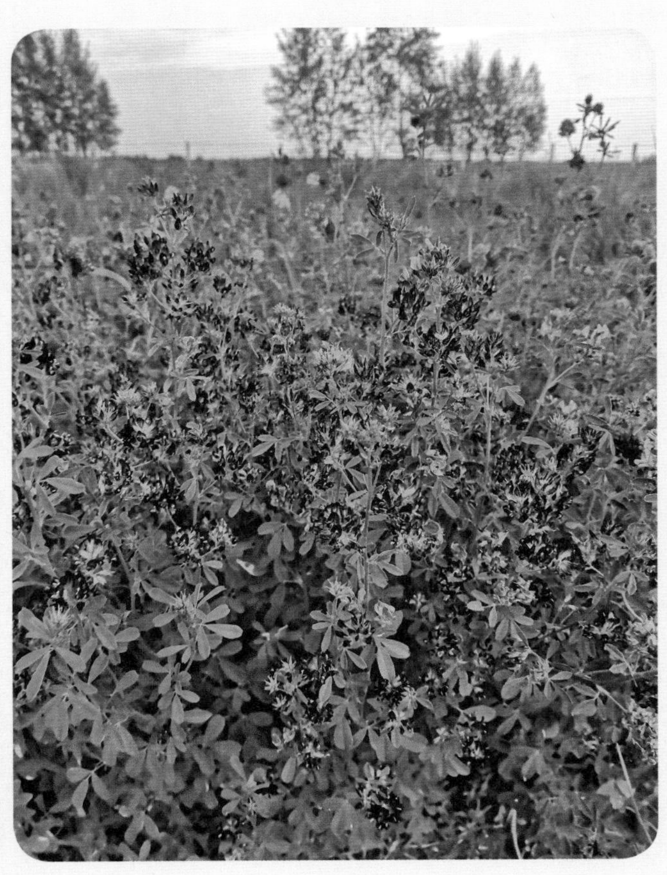

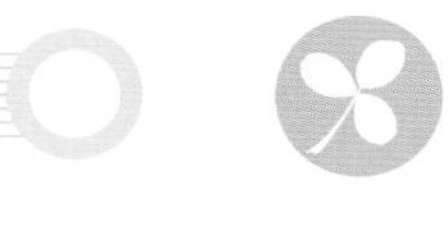

三、在哪里能种植苜蓿

我国气候及地理条件复杂，各个地区生产苜蓿的现实条件各不相同，苜蓿种植有一定的地域性，不是哪里都能种植，太热、太冷都不适合，而且每个区域适宜种植的苜蓿品种也不一样。实际生产中利用最多的是紫花苜蓿和杂花苜蓿，黄花苜蓿由于产量较低，生产中利用相对较少。

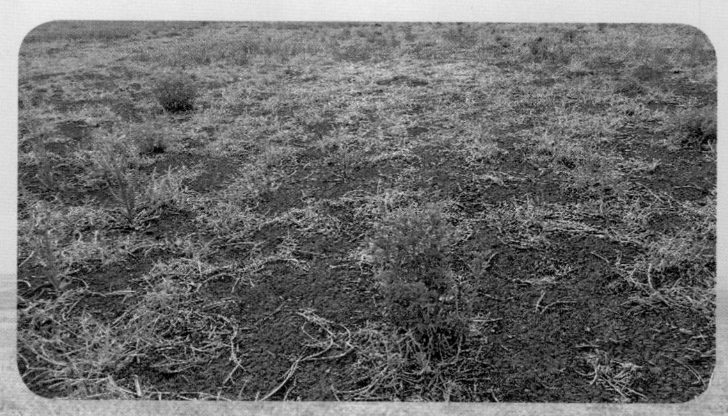

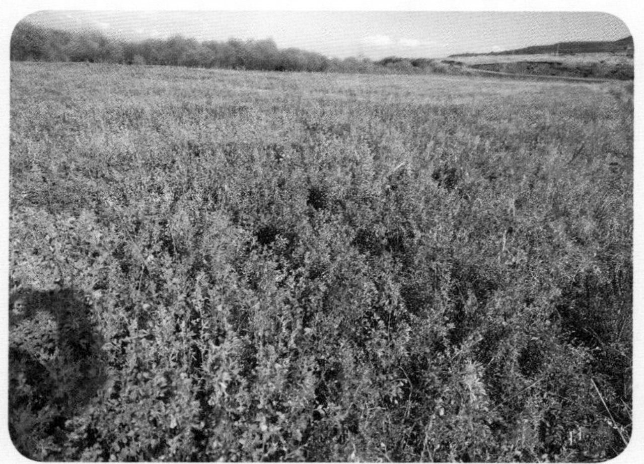

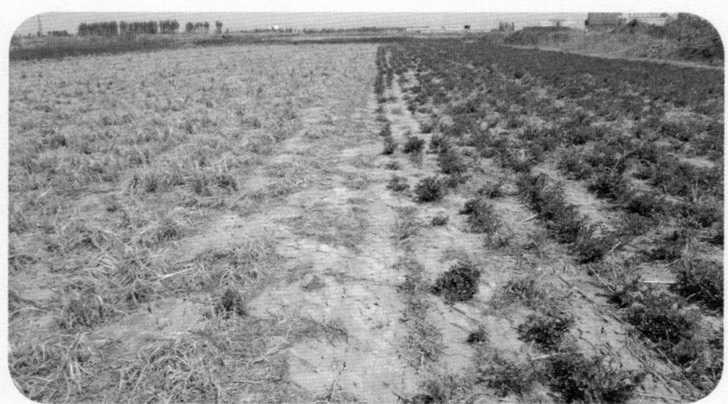

(一)耐寒品种

我国在苜蓿抗寒育种方面成绩显著，抗寒品种占总数的70%以上。目前应用比较广泛的抗寒苜蓿品种主要有：国产苜蓿品种有公农1号、公农2号、呼伦贝尔杂花苜蓿、龙牧801、龙牧803、龙牧806、草原1号、草原2号、草原3号、图牧1号、图牧2号、甘农1号、甘农2号、新牧1号、新牧2号、新牧3号、阿勒泰、北疆、新疆大叶、河西、蔚县、敖汉和肇东；秋眠级1～3的国外品种，如驯鹿、巨人、阿尔冈金、苜蓿王和金皇后等。

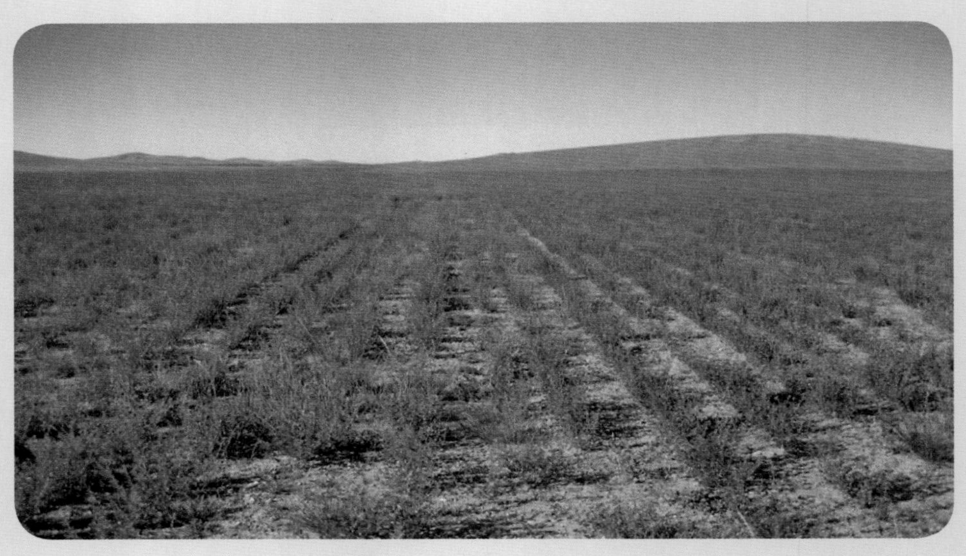

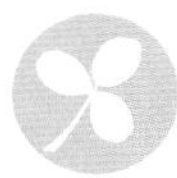

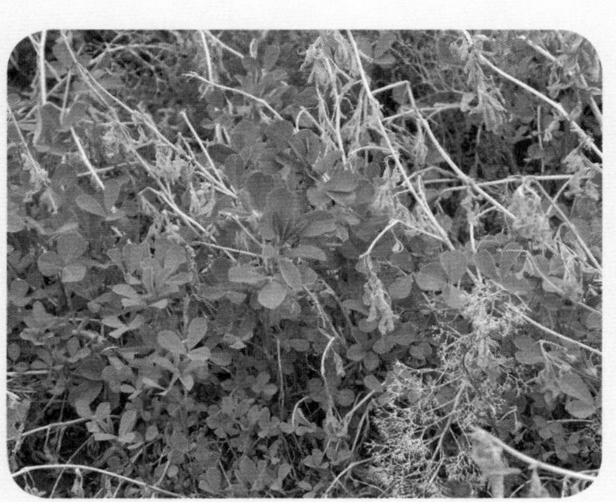

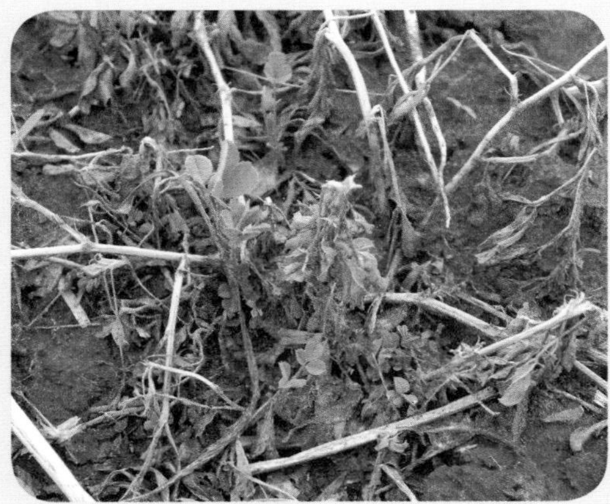

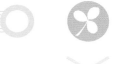

（二）耐旱品种

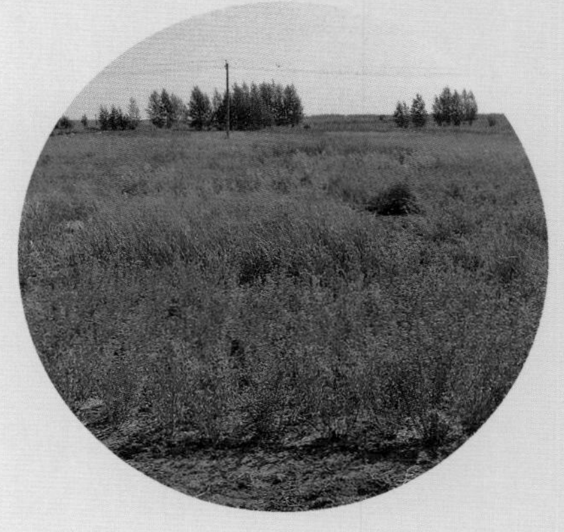

干旱给农业、牧业带来严重危害和经济损失，干旱已成为发展农业和牧业的主要限制因素。利用常规育种手段和生物技术培育苜蓿抗旱品种，目前国内推广应用较多的苜蓿抗旱品种有草原1号、草原2号、草原3号、图牧1号、图牧2号、敖汉、蔚县、准格尔、陕北、河西、北疆和阿勒泰。

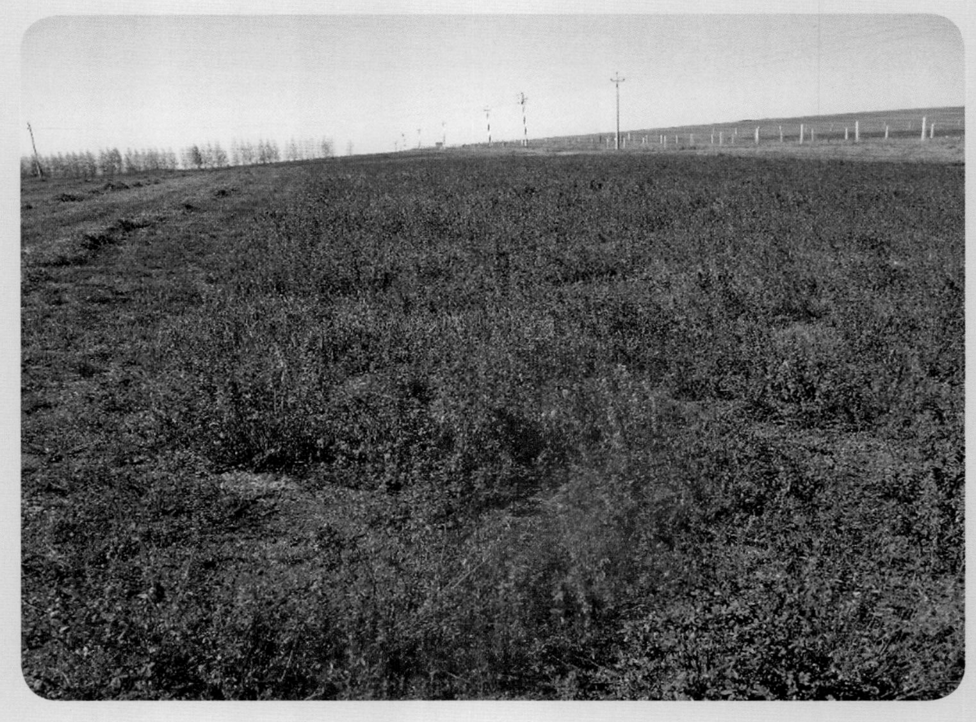

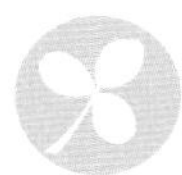

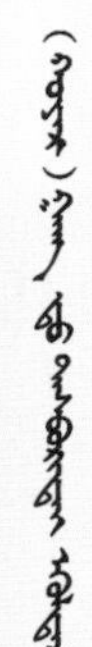

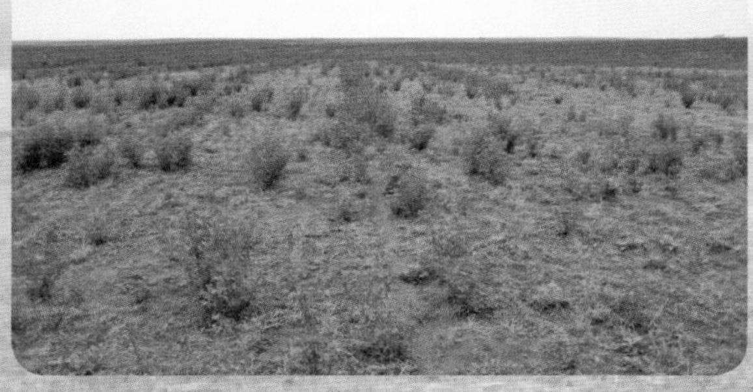

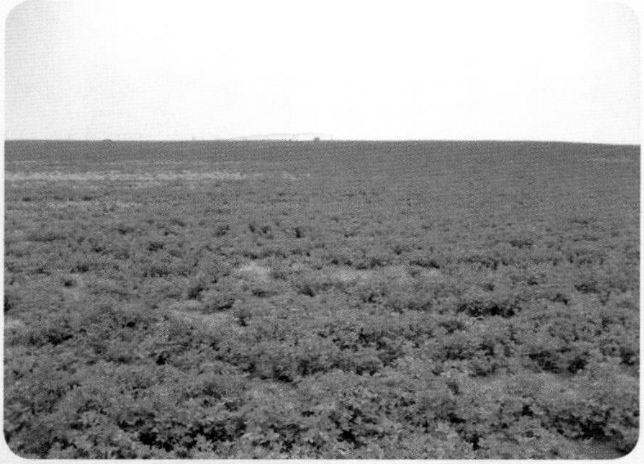

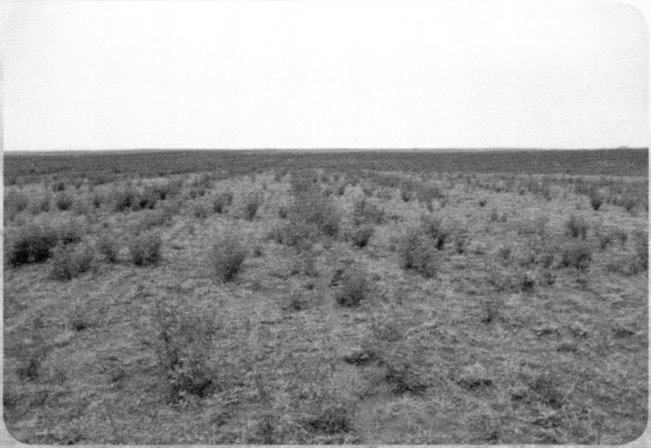

（三）耐盐碱品种

苜蓿是世界上栽培利用最广泛的耐盐碱较强的优良豆科牧草之一，属于中等耐盐牧草，可以在轻度盐渍化土壤大量种植，是改良和利用盐渍化土地资源的有效草种之一。目前应用较多的品种有中苜1号、中苜3号、龙牧801、龙牧806、新牧2号、新牧3号、沧州、保定、无棣、河西和阿勒泰。

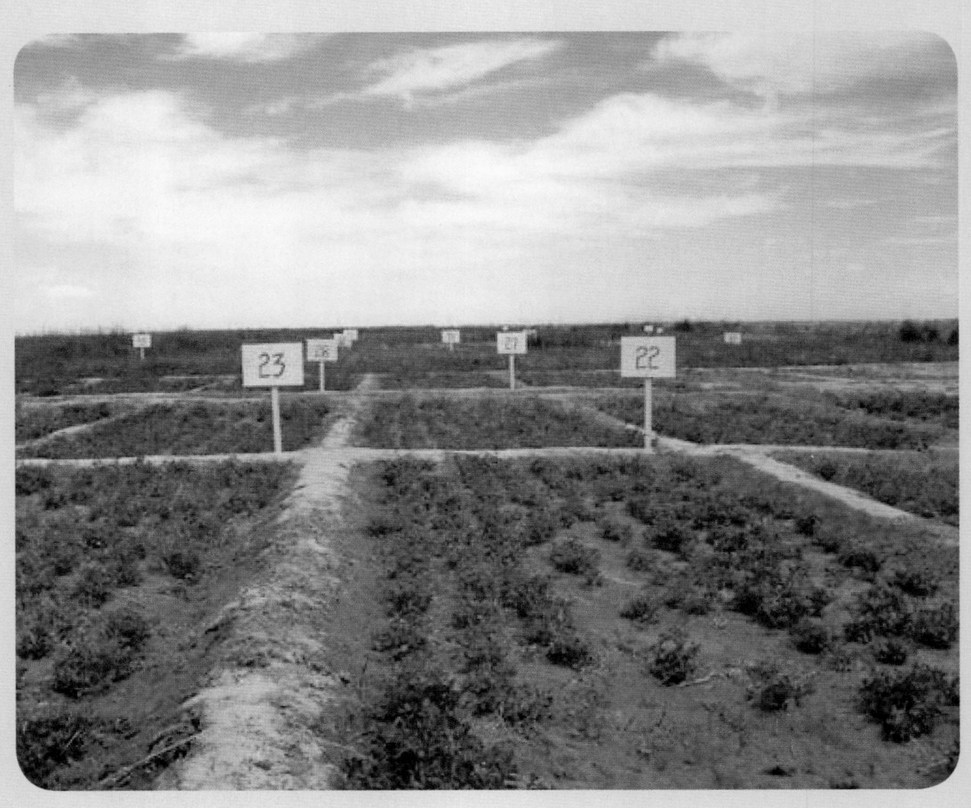

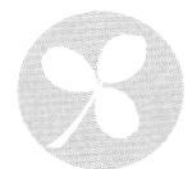

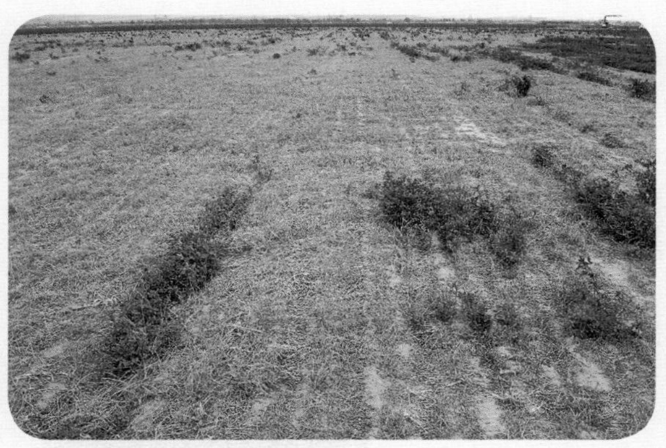

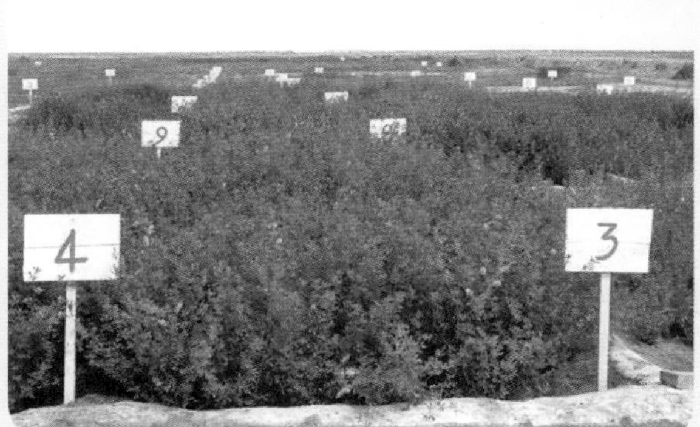
4
3
9

四、怎样建植和管理苜蓿

(一)存在问题

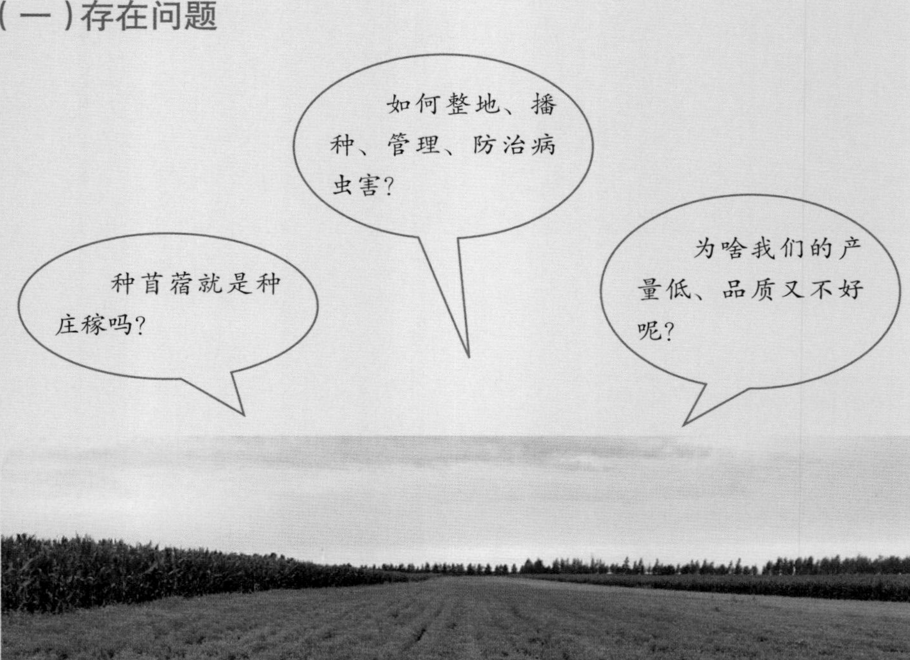

如何整地、播种、管理、防治病虫害?
种苜蓿就是种庄稼吗?
为啥我们的产量低、品质又不好呢?

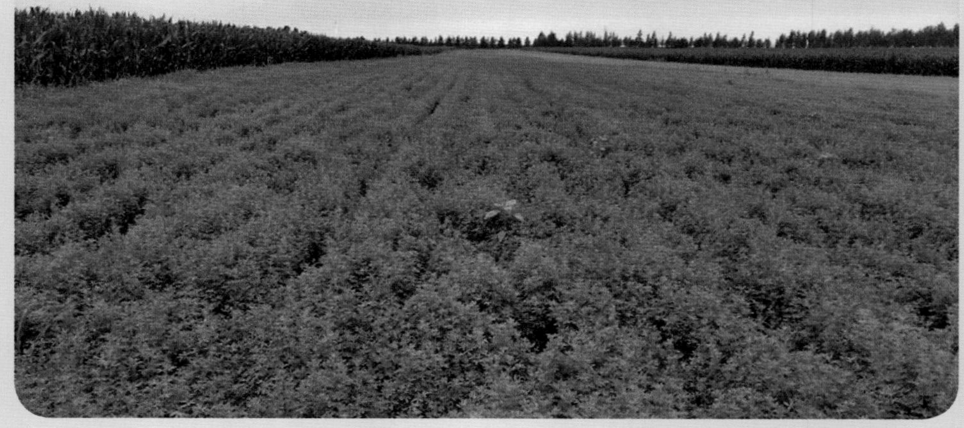

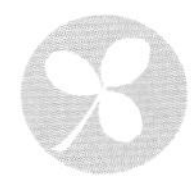

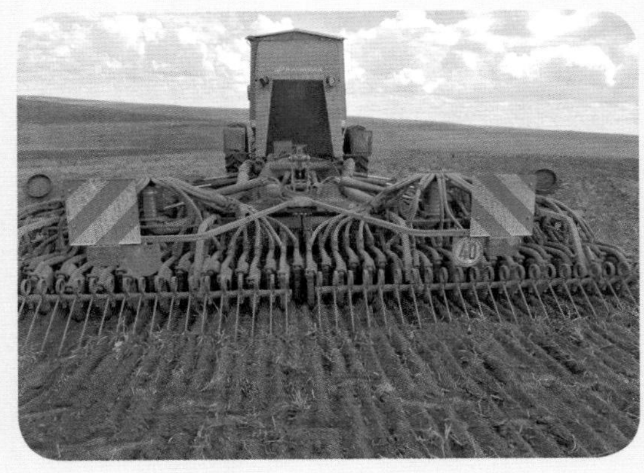

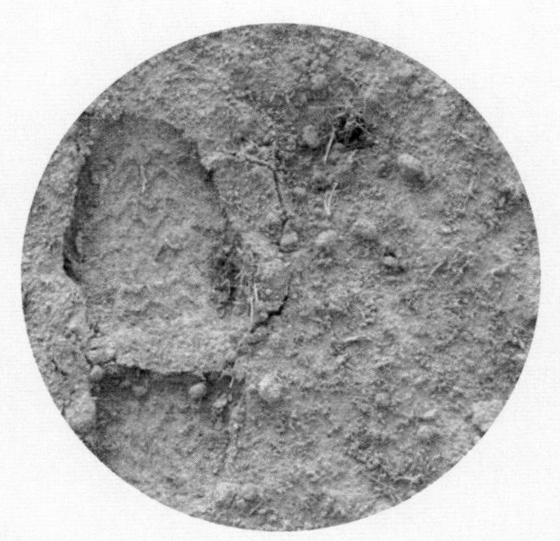

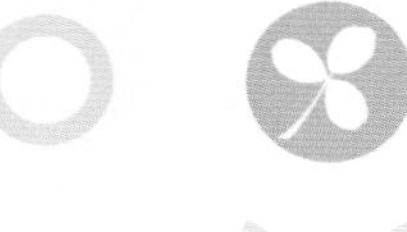

苜蓿产量不高的原因让专家来告诉你：

● 现在我们选的地大多为边缘地，如盐碱地、沙地、撂荒地，就是作物不能生长或生长不好的地，所以导致苜蓿产量不高，增产潜力不大；

● 田间管理跟不上，缺乏优质高产栽培技术的应用；

● 加工与利用技术不足，经营者质量意识淡薄；

● 成熟配套的专用小型机械落后。

总之原因太多了。

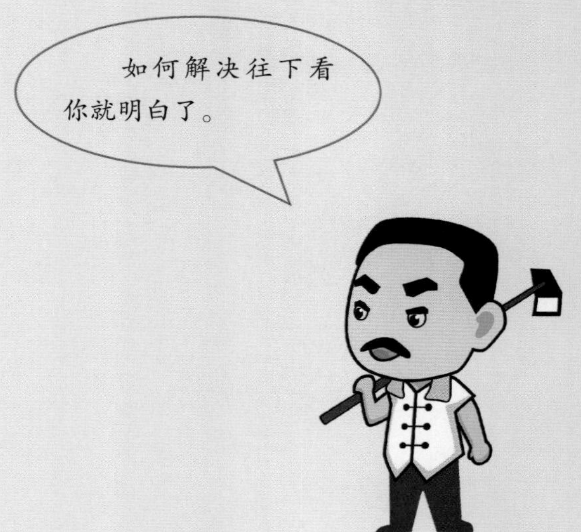

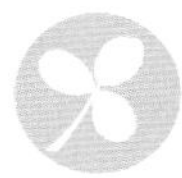

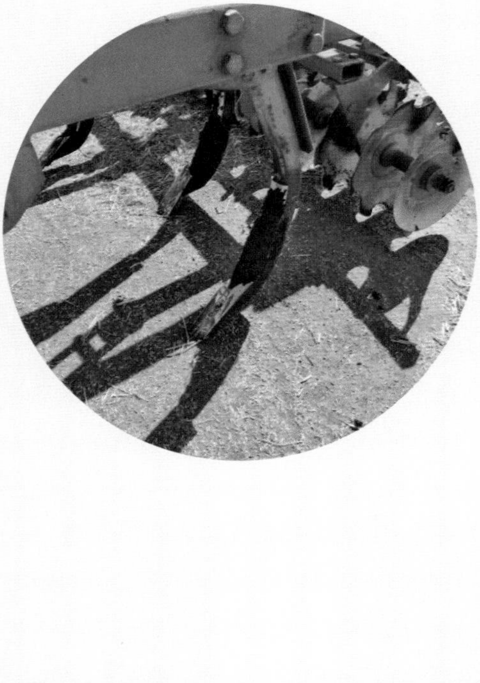

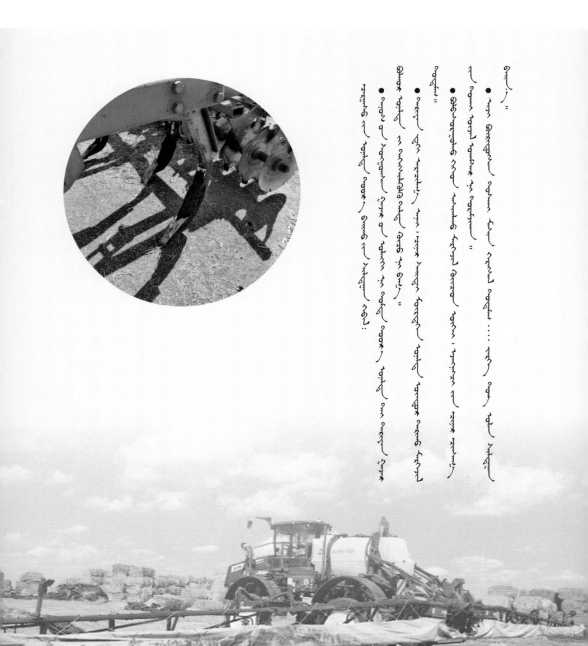

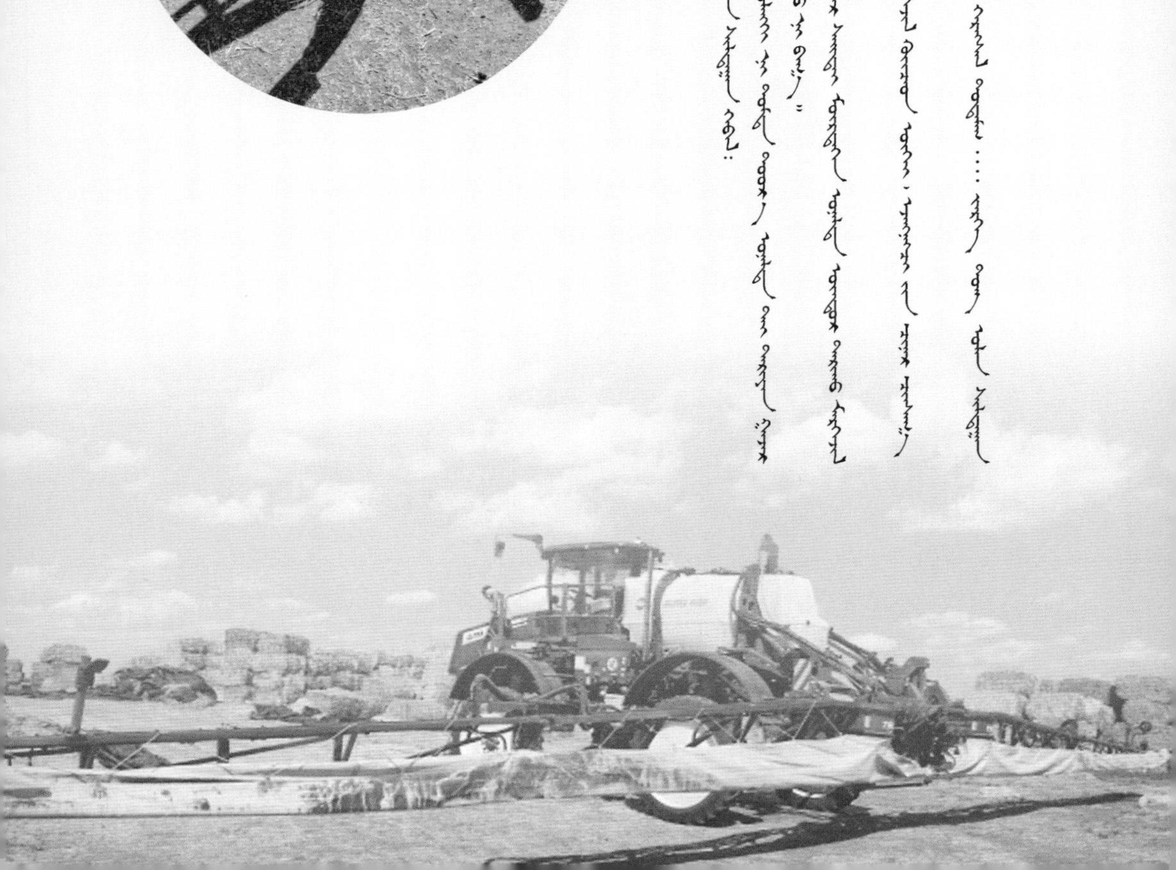

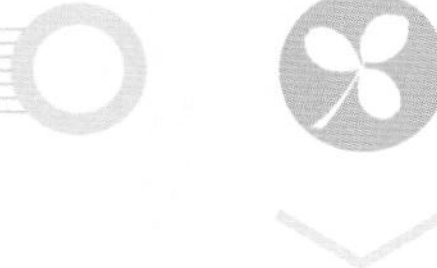

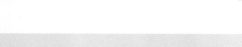

（二）苜蓿建植与管理

1. 选地

苜蓿是适应性很强的牧草，适宜在地势平坦、土层深厚、中性和偏碱性的壤土或沙壤土上生长。最好有灌溉设施，以达到牧草高产、稳产的目标。

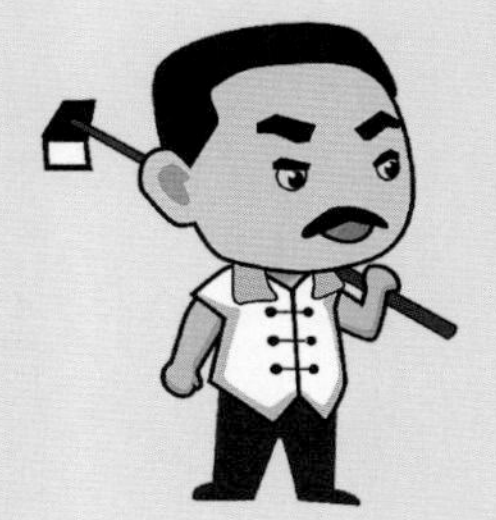

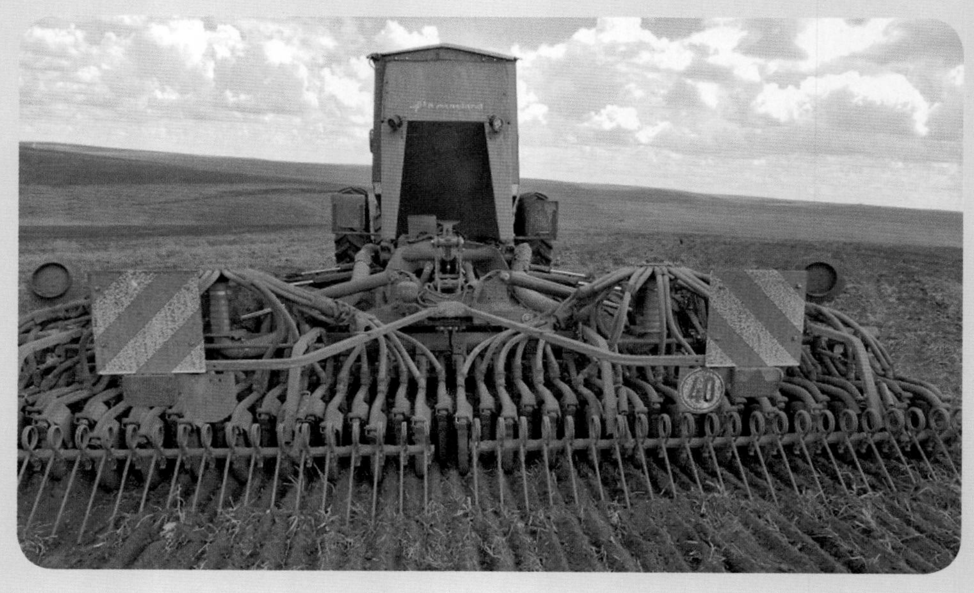

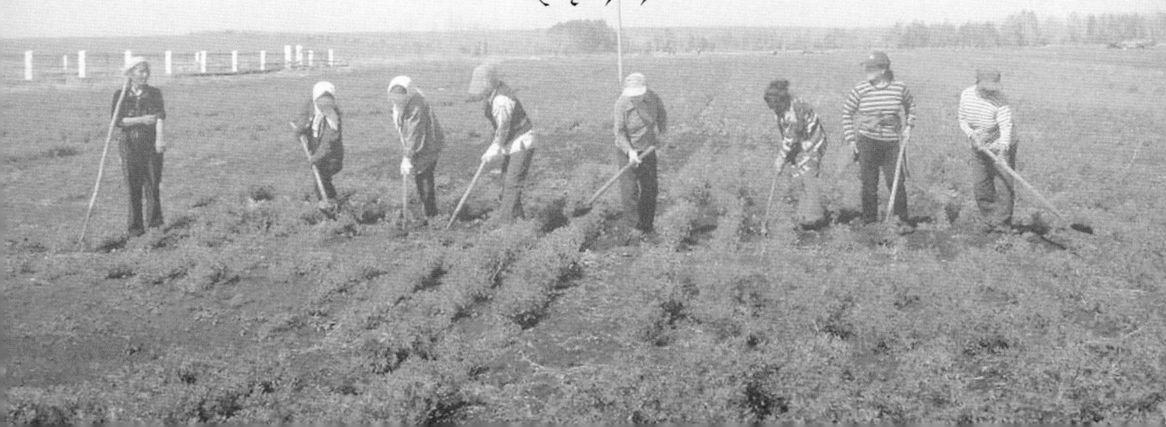

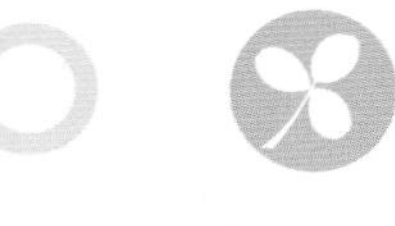

- 让杂草充分生长，而后进行深翻、暴晒，选择灭生性除草。
- 理想的土壤状况是平整、紧实、无大块。
- 踩上去如果脚印浅于1厘米，土壤够紧了。

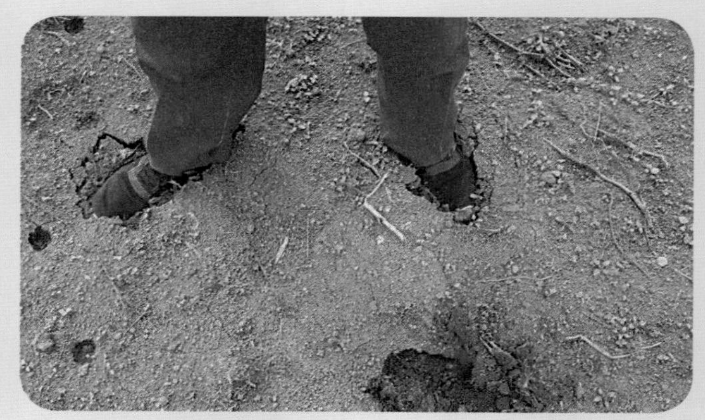

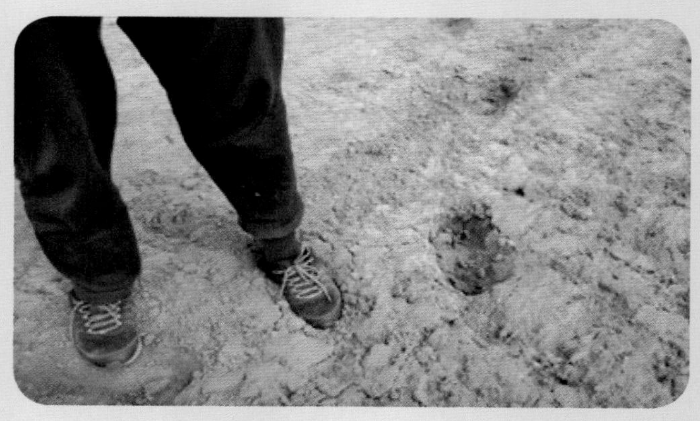

[illegible]

● [illegible] 1 [illegible]

● [illegible]

● [illegible]

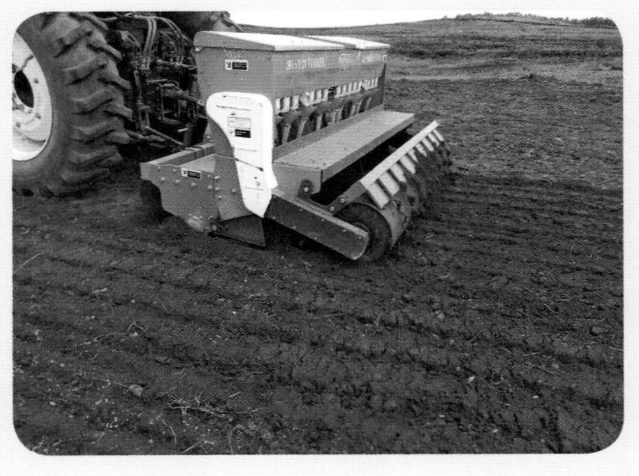

地块平整，尤其是多年生杂草的根系必须彻底清除，前茬杂草较多的地块，根据情况可采用机械法、生物法清除杂草，严重时可采用化学法清除杂草。

千万不要选择地势低洼、易积水的酸性土壤。

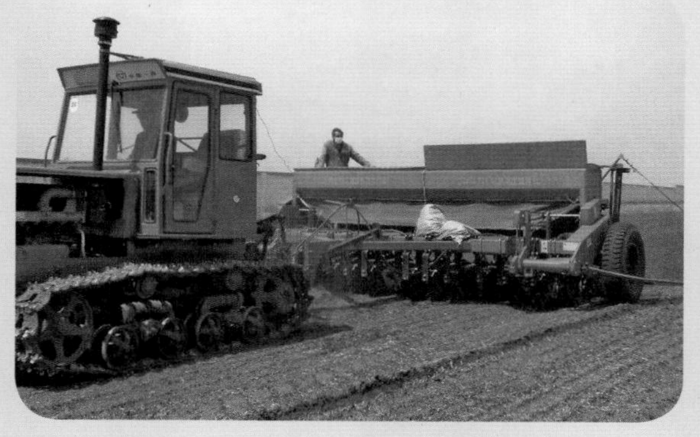

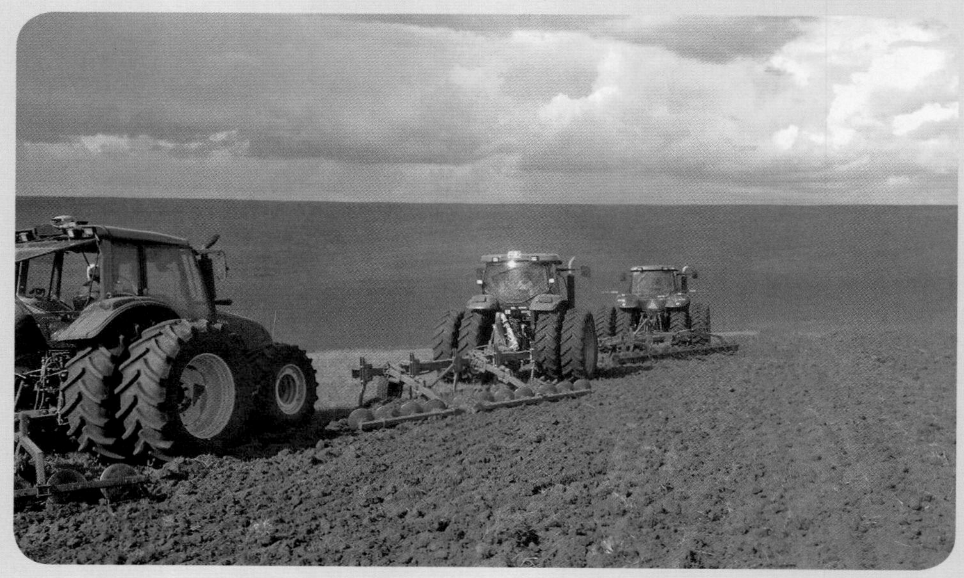

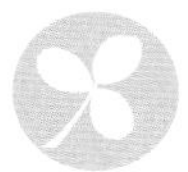

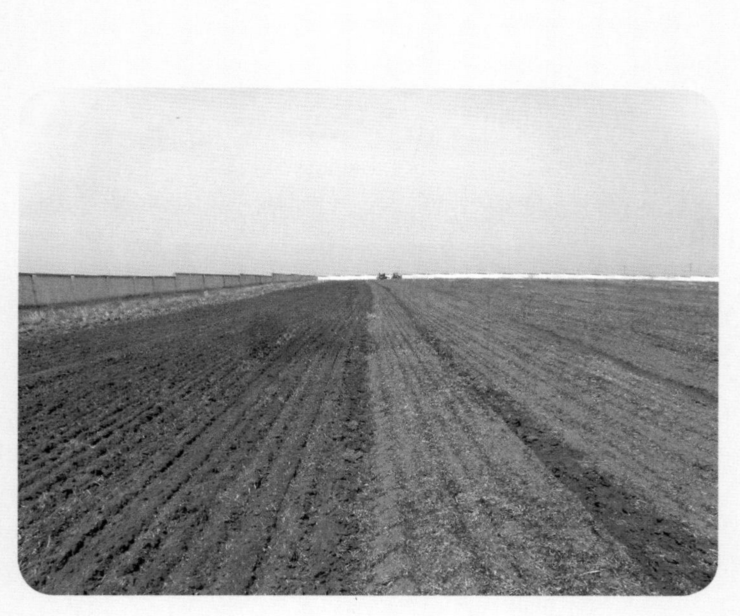

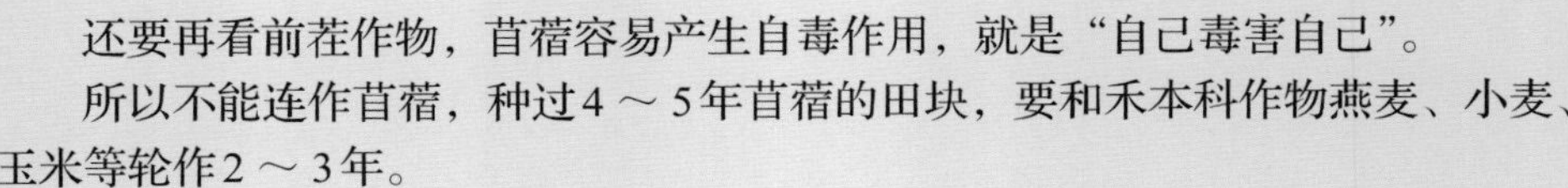

还要再看前茬作物，苜蓿容易产生自毒作用，就是“自己毒害自己”。

所以不能连作苜蓿，种过4 ～ 5年苜蓿的田块，要和禾本科作物燕麦、小麦、玉米等轮作2 ～ 3年。

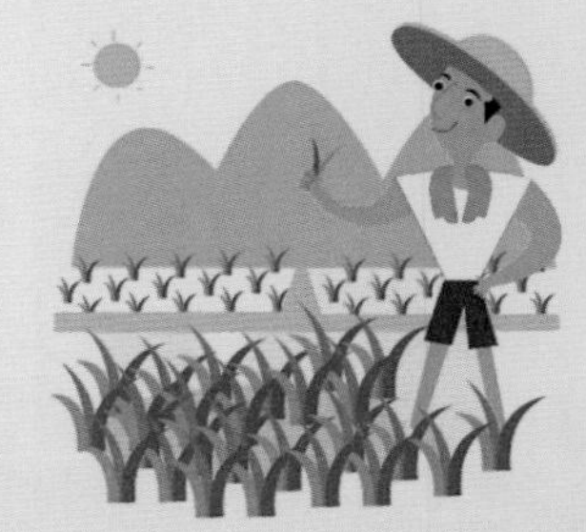

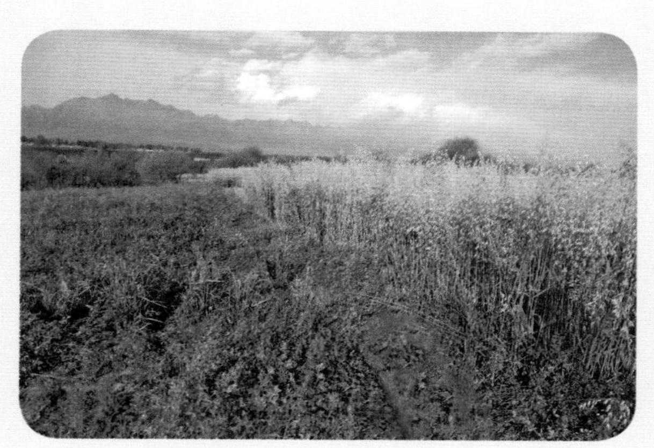

ᠪᠣᠯ ᠬᠡᠷᠪᠡ ᠮᠠᠯᠵᠢᠬᠤ ᠮᠡᠳᠡᠯ ᠂ ᠪᠣᠯᠤᠨ ᠲᠠᠷᠢᠯᠠᠩ ᠤᠨ ᠪᠦᠲᠦᠭᠡᠭᠳᠡᠬᠦᠨ ᠢ ᠨᠡᠮᠡᠭᠳᠡᠭᠦᠯᠵᠦ ᠮᠠᠯᠴᠢᠨ ᠤ ᠣᠷᠣᠯᠭ᠎ᠠ ᠶᠢ
ᠬᠥᠬᠡ ᠪᠣᠷᠴᠣᠭ ᠂ ᠲᠠᠷᠢᠶᠠᠯᠠᠩ ᠤᠨ ᠨᠡᠮᠡᠭᠳᠡᠯ ᠢ ᠣᠯᠵᠤ ᠂ ᠬᠠᠮᠲᠤ ᠲᠠᠷᠢᠯᠠᠩ ᠤᠨ ᠪᠦᠲᠦᠭᠡᠭᠳᠡᠬᠦᠨ ᠢ ᠡᠷᠬᠡᠯᠡᠨ᠎ᠡ
ᠲᠠᠷᠢᠯᠠᠩ ᠤᠨ ᠦᠷᠡᠵᠢᠯ ᠢ ᠨᠡᠮᠡᠭᠳᠡᠭᠦᠯᠵᠦ ᠂ ᠭᠠᠵᠠᠷ ᠤᠨ ᠦᠷᠡᠵᠢᠯ ᠢ ᠰᠠᠢᠵᠢᠷᠠᠭᠤᠯᠤᠨ᠎ᠠ ᠂ ᠡᠨᠡ ᠪᠣᠯ ᠲᠠᠷᠢᠶᠠᠯᠠᠩ ᠤᠨ
ᠲᠠᠷᠢᠯ ᠤᠨ ᠲᠠᠷᠢᠯᠠᠩ ᠂ 4~5 ᠵᠢᠯ ᠲᠠᠷᠢᠶᠠᠨ ᠤ ᠤᠷᠤᠭ ᠲᠠᠷᠢᠭᠠᠳ ᠂ ᠪᠠᠰᠠ ᠪᠣᠷᠴᠣᠭ ᠲᠠᠷᠢᠨ᠎ᠠ
ᠦᠷᠡᠵᠢᠯ ᠳᠦ ᠪᠣᠷᠴᠣᠭ ᠢ ᠲᠠᠷᠢᠪᠠᠯ ᠂ 2~3 ᠵᠢᠯ ᠲᠠᠷᠢᠭᠠᠳ ᠬᠥᠷᠥᠰᠥ ᠶᠢᠨ ᠦᠷᠡᠵᠢᠯ ᠢ ᠪᠣᠯᠭᠠᠨ᠎ᠠ
ᠮᠠᠯᠵᠢᠨ᠎ᠠ ᠃

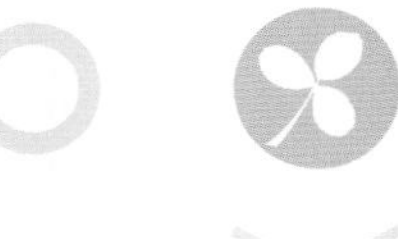

2. 土地整理

（1）整地

种植前务必做到精细整地。首先进行深翻，然后耙碎土块、耱平地面，使地表平整、土壤松紧适度，利于蓄水保墒。土地质量可是直接影响苜蓿出苗率和整齐度的。

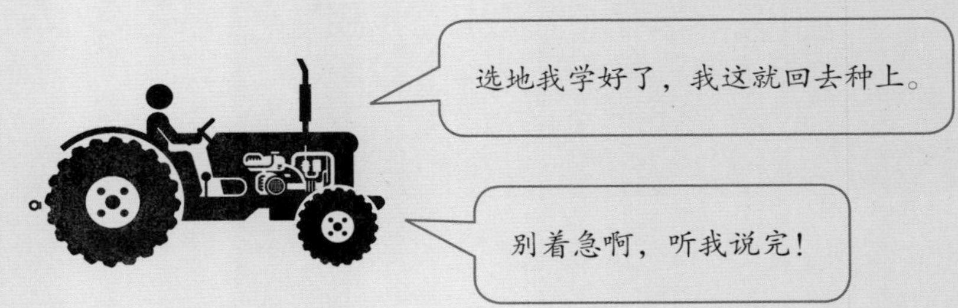

选地我学好了，我这就回去种上。
别着急啊，听我说完！

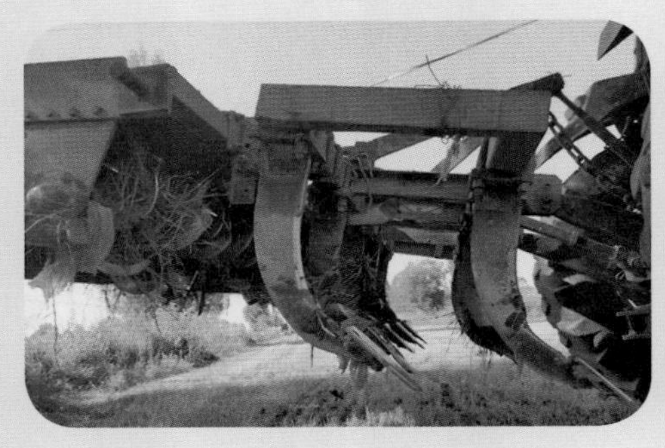

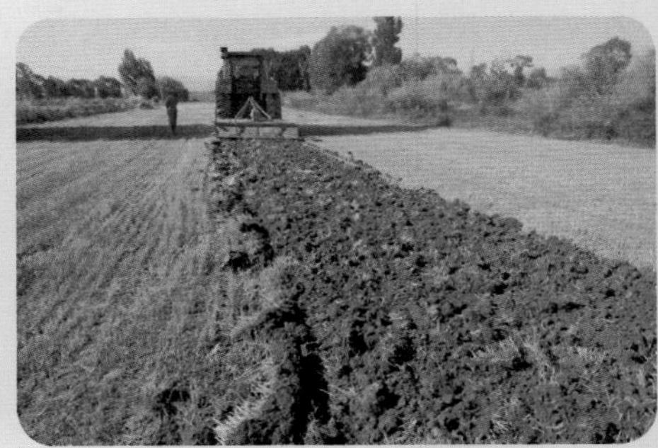

2. ᠲᠠᠷᠢᠬᠤ ᠠᠷᠭ᠎ᠠ

（1）ᠲᠠᠷᠢᠬᠤ ᠠᠷᠭ᠎ᠠ

ᠮᠥᠷ ᠲᠠᠷᠢᠯᠭ᠎ᠠ ᠪᠣᠯ ᠲᠠᠷᠢᠬᠤ ᠮᠠᠰᠢᠨ ᠢ᠋ ᠬᠡᠷᠡᠭᠯᠡᠨ ᠲᠣᠳᠣᠷᠬᠠᠢ ᠮᠥᠷ ᠦᠨ ᠵᠠᠢ ᠪᠠᠷ ᠲᠠᠷᠢᠬᠤ ᠠᠷᠭ᠎ᠠ ᠪᠣᠯᠤᠨ᠎ᠠ ᠃ ᠲᠠᠷᠢᠯᠭ᠎ᠠ ᠶᠢᠨ ᠬᠡᠮᠵᠢᠶ᠎ᠡ᠂ ᠭᠦᠨ ᠦ ᠬᠡᠮᠵᠢᠶ᠎ᠡ᠂ ᠮᠥᠷ ᠦᠨ ᠵᠠᠢ ᠶᠢ ᠲᠣᠬᠢᠷᠠᠭᠤᠯᠬᠤ ᠳᠤ ᠬᠢᠯᠪᠠᠷ᠂ ᠦᠷ᠎ᠡ ᠶᠢ ᠨᠢᠭᠡ ᠵᠢᠳ ᠲᠠᠷᠢᠵᠤ ᠪᠣᠯᠬᠤ ᠪᠥᠭᠡᠳ ᠦᠷ᠎ᠡ ᠰᠠᠯᠠᠭᠠ ᠭᠠᠷᠭᠠᠬᠤ ᠳᠤ ᠲᠤᠰᠠᠲᠠᠢ ᠃

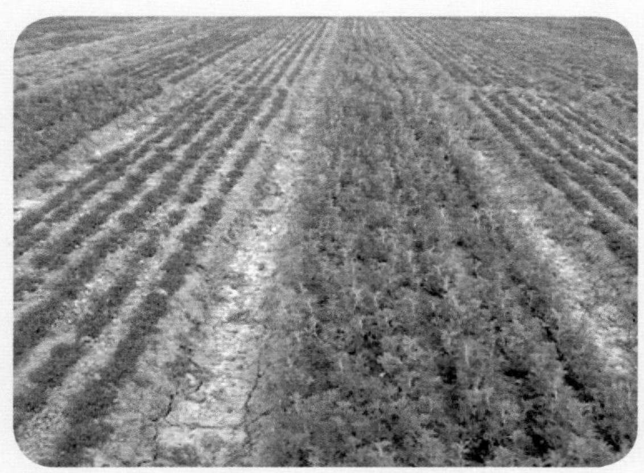

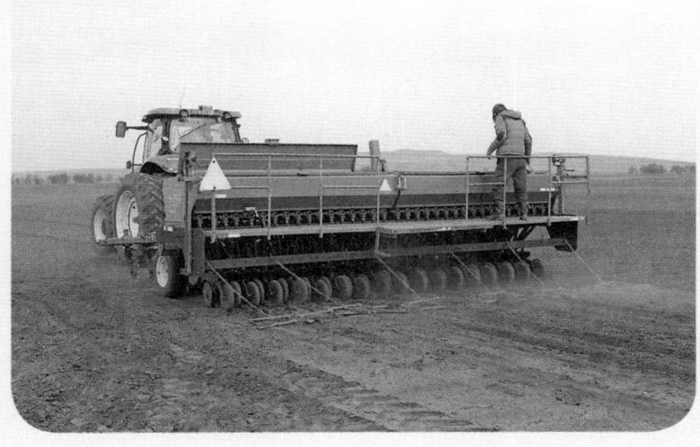

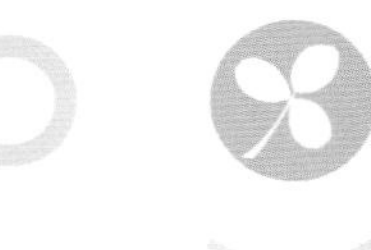

（2）耙地

耙地是在翻耕的基础上进行，使用的工具主要有钉齿耙和圆盘耙。如果翻耕的是荒地或草地，需要使用重型圆盘耙；如果要清除过多的草根或根茎，需要用钉齿耙耙出杂草及其根茎。

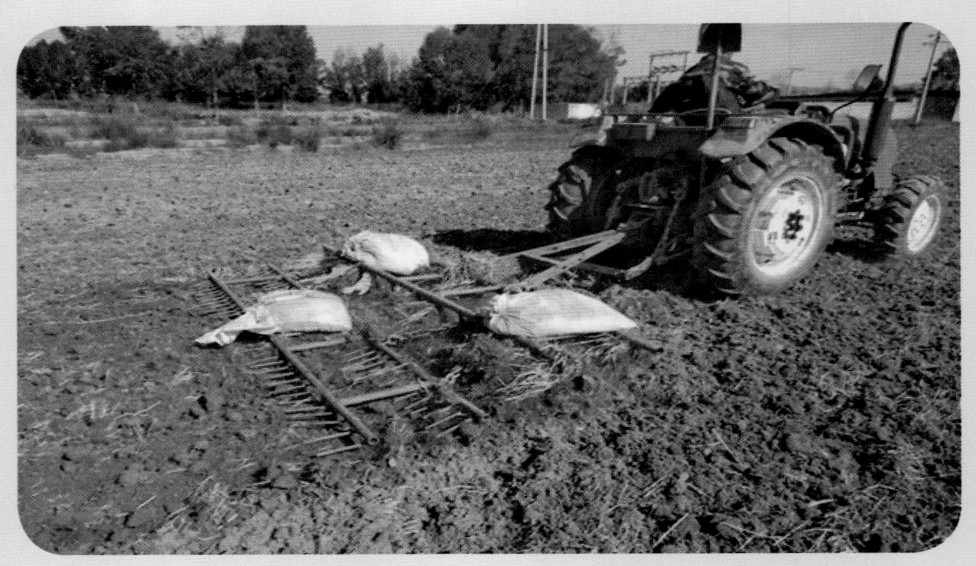

（3）耱地

耱地是在翻耕或耙地后进行，播种前灌溉时最好在灌溉前后各耱地一次。

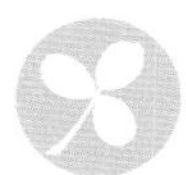

(4)镇压

平整紧实的苗床可更好地控制播深，所以用圆盘耙和镇压器进行平整镇压。时间最好是4月下旬至6月上旬进行，不同的地区时间可以不一样！

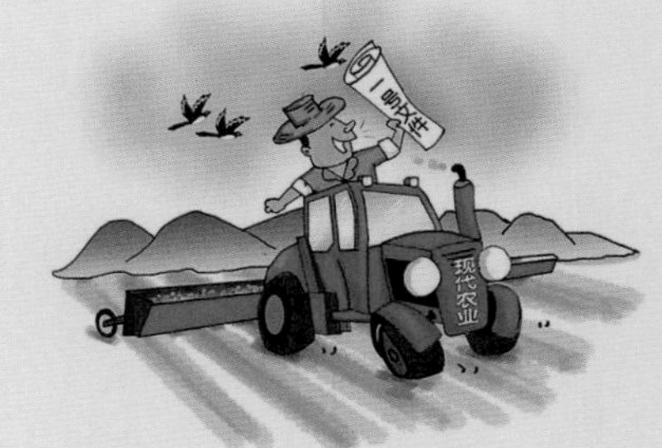

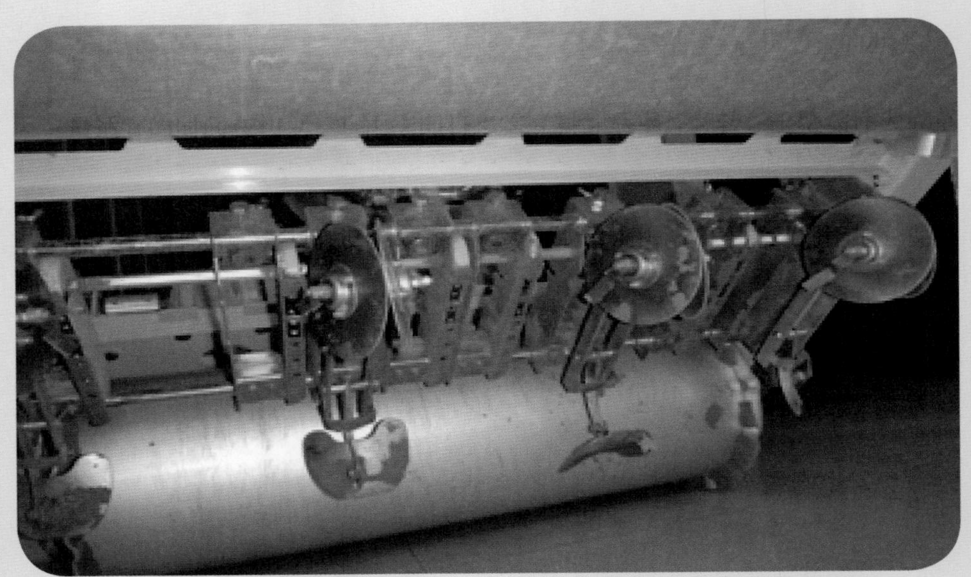

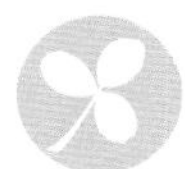

ᠮᠡᠳᠡ ᠬᠡᠷ ᠰᠠᠶᠢᠵᠢᠷᠠᠯ ᠲᠠᠯᠠᠪᠠᠷ ᠪᠣᠯᠤᠨ᠎ᠠ ::

ᠶᠢ ᠬᠡᠮᠵᠢᠶ᠎ᠡ ᠪᠣᠯᠭᠠ ᠭᠡᠵᠦ ᠴᠢᠮᠡᠭ ᠣᠯᠣᠭᠠᠯᠠᠭᠰᠠᠨ᠂ ᠭᠡᠳᠦᠬᠡ ᠰᠢᠪᠠᠳ ᠪᠣᠯᠭᠠ ᠬᠡᠨ ᠬᠡᠳᠦᠷ ᠬᠣᠶᠢᠭᠰᠢ ᠶᠢᠨ ᠰᠢᠯᠭᠠᠨ ᠭᠠᠵᠠᠷ ᠤᠨ ᠦᠨᠳᠦᠷ :: ᠲᠦᠷᠦᠯ ᠲᠠᠷᠢᠯᠠᠩ ᠤᠨ 4 ᠰᠠᠷ᠎ᠠ ᠶᠢᠨ ᠰᠢᠨᠡ ᠠᠴᠠ 6 ᠰᠠᠷ᠎ᠠ ᠶᠢᠨ ᠡᠬᠢᠨ ᠦ ᠬᠤᠭᠤᠷᠤᠯᠠᠭᠠ ᠳᠣᠲᠣᠷᠠᠬᠢ᠂ ᠬᠠᠪᠤᠷ ᠤᠨ ᠲᠠᠷᠢᠯᠠᠩ ᠤᠨ ᠴᠠᠭ ᠢ ᠪᠠᠷᠢᠮᠲᠠᠯᠠᠨ᠎ᠠ᠂ ᠪᠠᠷᠢᠮᠲᠠ ᠶᠢᠨ ᠲᠠᠷᠢᠯᠳᠠ ᠶᠢᠨ ᠪᠣᠯᠤᠨ ᠪᠠᠶᠢᠳᠠᠯ ᠤᠨ ᠮᠡᠳᠡᠭᠡ ᠪᠣᠯᠤᠨ᠎ᠠ

(4) ᠪᠠᠷᠢᠯᠲᠠ

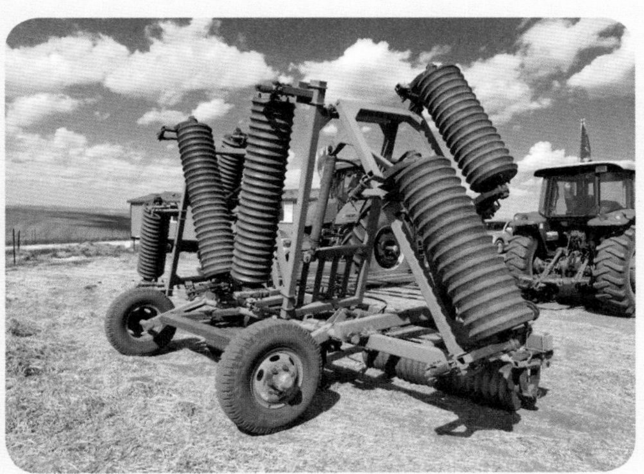

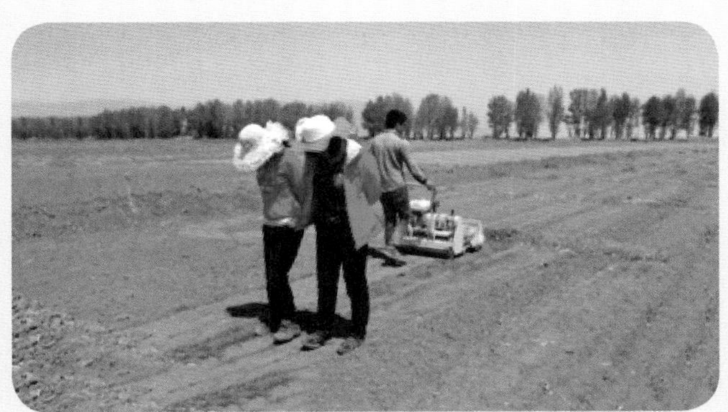

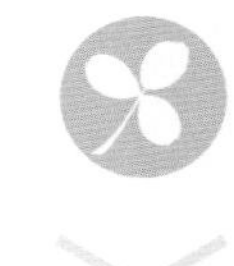

3. 播种

（1）播种时间

种子萌发受到水分、空气、温度等的影响。萌发的最低温度要0～4.8℃，最适温度是31～37℃，最高温度为38～44℃。北方地区最好的播种时间是4月下旬至6月上旬进行，不同地区播种时间可以不一样！

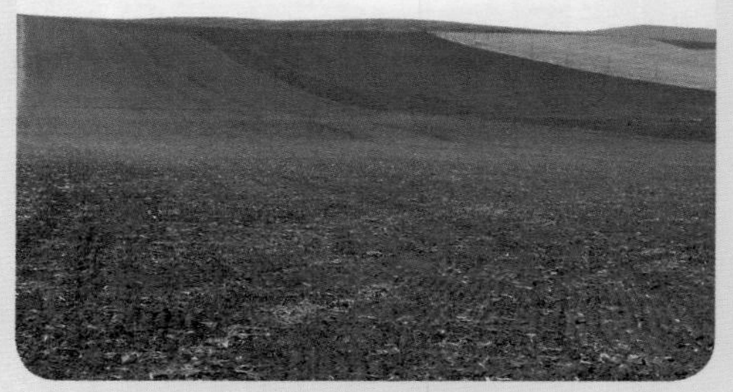

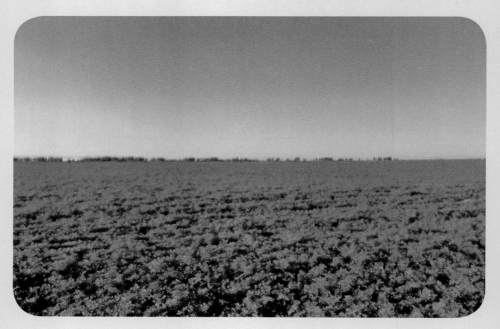

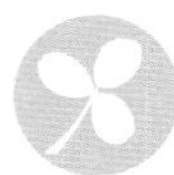

ᠪᠣᠯᠤᠨ᠎ᠠ᠃

ᠭᠡᠮᠲᠡᠭᠡᠭᠰᠡᠨ ᠢ ᠲᠠᠷᠢᠯᠲᠠ ᠲᠣᠬᠢᠷᠠᠮᠵᠢᠲᠠᠢ᠂ ᠰᠠᠶᠢᠨ ᠪᠣᠯᠪᠠᠰᠤ ᠦᠷ᠎ᠡ ᠶᠢᠨ ᠲᠠᠷᠢᠯᠲᠠ ᠪᠠᠷ ᠤ ᠬᠥᠷᠥᠰᠦ ᠳᠤ ᠰᠠᠶᠢᠨ ᠭᠡᠮᠲᠡᠭᠡᠭᠰᠡᠨ᠄ ᠬᠠᠮᠤᠭ ᠪᠠᠭ᠎ᠠ ᠶᠢ 4 ᠭᠷᠠᠳᠦ᠋ᠰ ᠲᠤ ᠨᠢᠶᠠᠯᠠᠬᠤ ᠶᠢᠨ ᠭᠷᠠᠳᠦ᠋ᠰ ᠲᠤ ᠬᠦᠷᠴᠦ ᠳᠤᠯᠠᠭᠠᠨ ᠤ ᠭᠷᠠᠳᠦ᠋ᠰ ᠪᠣᠯ 31~37°C᠂ ᠬᠠᠮᠤᠭ ᠥᠨᠳᠥᠷ ᠳᠤᠯᠠᠭᠠᠨ ᠤ ᠭᠷᠠᠳᠦ᠋ᠰ ᠨᠢ 38~44°C ᠪᠠᠶᠢᠨ᠎ᠠ᠃ ᠮᠥᠭᠡᠯᠵᠡᠬᠦ ᠶᠢ ᠲᠡᠰᠦᠭᠴᠡᠬᠦ ᠬᠠᠮᠤᠭ ᠳᠣᠣᠷ᠎ᠠ ᠳᠤᠯᠠᠭᠠᠨ ᠤ ᠭᠷᠠᠳᠦ᠋ᠰ ᠨᠢ 0~4.8°C᠂ ᠬᠠᠮᠤᠭ ᠲᠣᠬᠢᠷᠠᠮᠵᠢᠲᠠᠢ ᠳᠣᠣᠷ᠎ᠠ ᠶᠢᠨ ᠮᠥᠭᠡᠯᠵᠡᠬᠦ ᠨᠢ ᠳᠤᠯᠠᠭᠠᠨ᠂ ᠬᠠᠮᠤᠭ᠂ ᠳᠤᠯᠠᠭᠠᠨ ᠤ ᠭᠷᠠᠳᠦ᠋ᠰ ᠢ ᠪᠠᠷᠢᠮᠲᠠᠯᠠᠨ᠎ᠠ᠃

3. ᠲᠠᠷᠢᠯᠲᠠ

(1) ᠲᠠᠷᠢᠯᠲᠠ ᠶᠢᠨ ᠬᠤᠭᠤᠴᠠᠭ᠎ᠠ

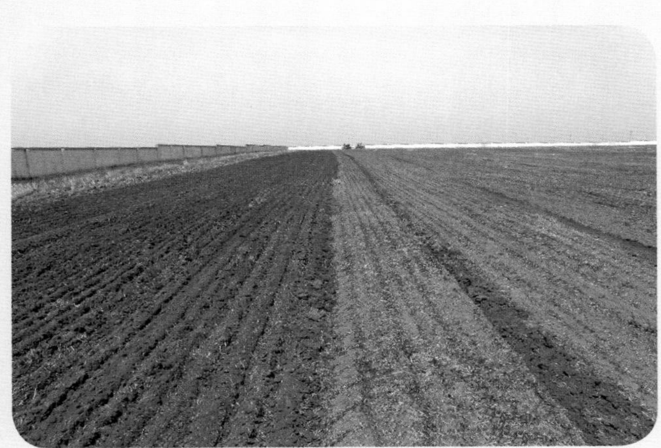

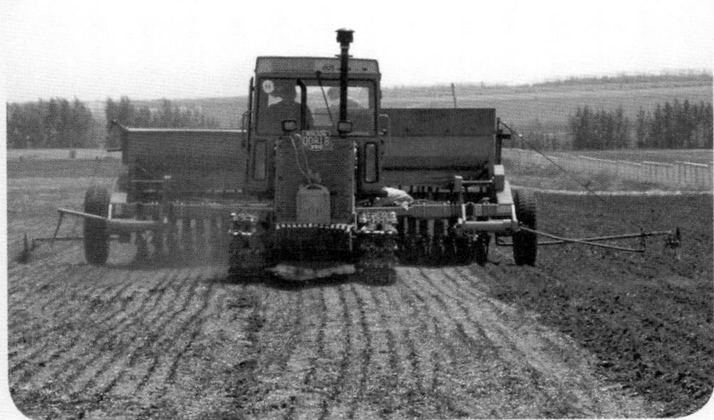

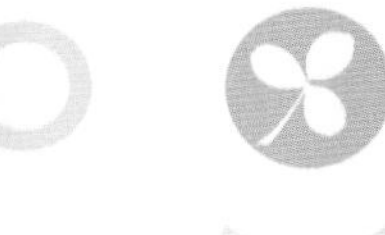

（2）种子处理

种子需要用清选机进行清选，使种子的纯净度达到95%以上。一般紫花苜蓿种子的发芽率在75%～95%，根据发芽率确定播种量。

如果种子硬实率达到20%以上，就需要进行硬实种子处理。大量种子可以在阳光下曝晒3～5天或用碾米机进行机械处理，一般情况下黄花苜蓿种子硬实度高一些。

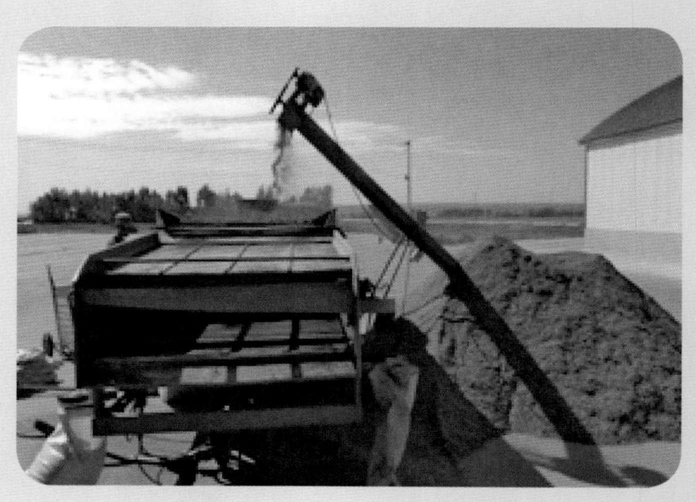

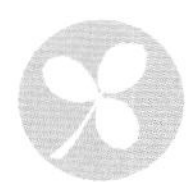

ᠪᠡᠯᠡᠳᠬᠡᠯ ᠦᠨ ᠦᠷ᠎ᠡ ᠶᠢᠨ ᠴᠡᠪᠡᠷᠯᠡᠭᠡ ᠶᠢ ᠰᠠᠶᠢᠵᠢᠷᠠᠭᠤᠯᠬᠤ ᠬᠡᠷᠡᠭᠲᠡᠢ ᠪᠣᠯᠤᠨ᠎ᠠ᠃

ᠨᠠᠷᠠᠨ ᠳᠤ 3 ~ 5 ᠡᠳᠦᠷ ᠬᠠᠲᠠᠭᠠᠵᠤ ᠪᠣᠯᠤᠨ᠎ᠠ᠃ ᠴᠢᠩᠭᠠᠯᠠᠵᠤ ᠦᠷ᠎ᠡ ᠶᠢᠨ ᠴᠢᠢᠭ ᠢ 20% ᠡᠴᠡ ᠳᠣᠷᠣᠭᠰᠢ ᠪᠠᠭᠤᠯᠭᠠᠬᠤ ᠦᠷ᠎ᠡ ᠶᠢᠨ ᠰᠠᠢᠨ ᠪᠠᠶᠢᠳᠠᠯ ᠢ ᠬᠠᠮᠠᠭᠠᠯᠠᠨ᠎ᠠ᠃

ᠴᠡᠪᠡᠷ ᠴᠢᠩᠭ᠎ᠠ 75% ~ 95% ᠪᠣᠯᠬᠤ᠂ ᠬᠠᠮᠤᠭ ᠰᠠᠢᠨ ᠨᠢ 95% ᠡᠴᠡ ᠳᠡᠭᠡᠭᠰᠢ ᠪᠠᠶᠢᠬᠤ ᠴᠢᠬᠤᠯᠠ᠃ ᠴᠢᠩᠭᠠᠯᠠᠭᠰᠠᠨ ᠦᠷ᠎ᠡ ᠶᠢᠨ ᠦᠷᠭᠦᠯᠵᠢ ᠶᠢᠨ ᠬᠠᠳᠠᠭᠠᠯᠠᠯᠲᠠ᠂ ᠦᠷ᠎ᠡ ᠶᠢᠨ ᠴᠡᠪᠡᠷ ᠴᠢᠩᠭ᠎ᠠ ᠶᠢᠨ

（2）ᠦᠷ᠎ᠡ ᠪᠠᠭᠠᠯᠠᠬᠤ

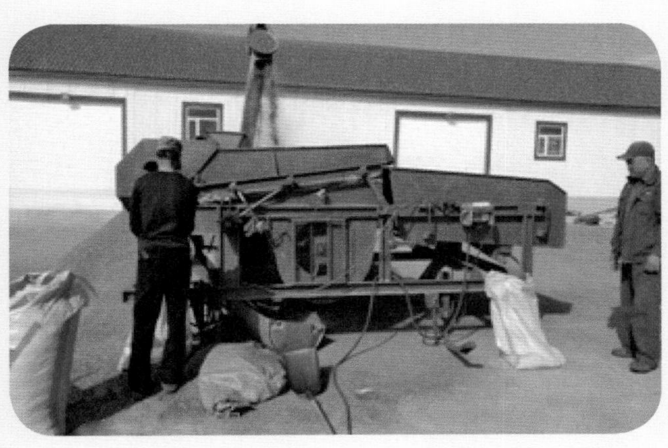

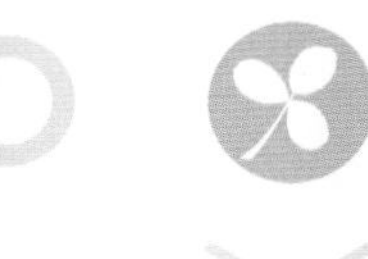

为提高苜蓿的产草量，播种前应进行根瘤菌剂接种。方法有多种，目前比较适用的方法是应用根瘤菌剂直接拌种。

接种是粉状根瘤菌剂加水，与种子充分拌匀。在根瘤菌剂完全干燥之前及时播种，已经接种的种子当天应该播完。

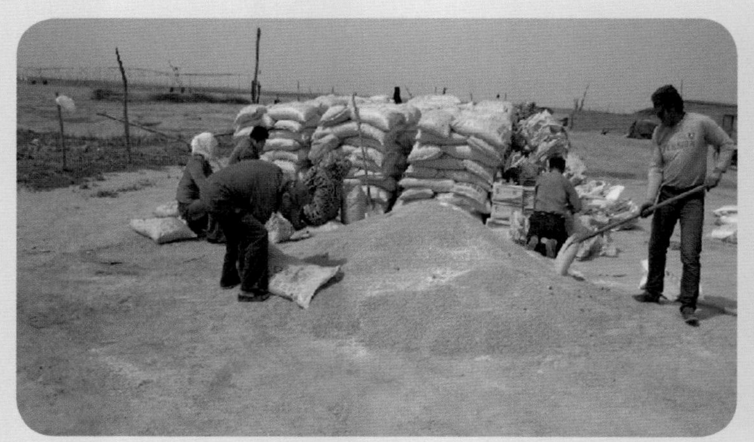

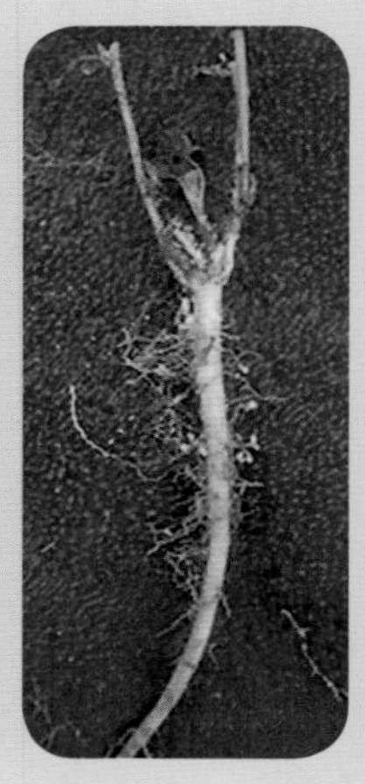

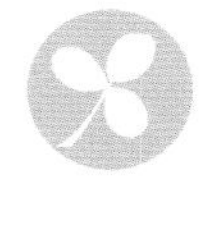

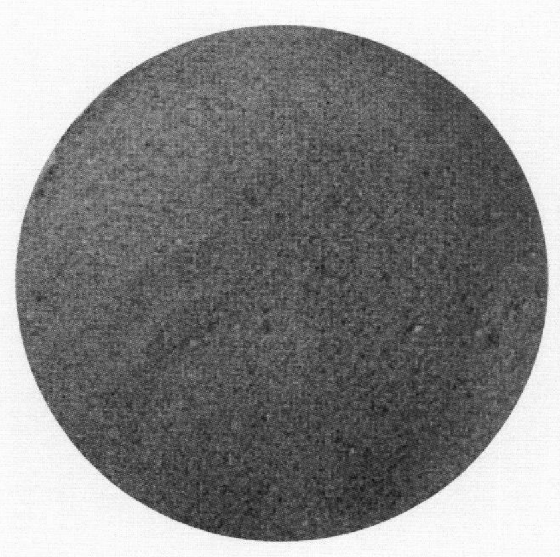

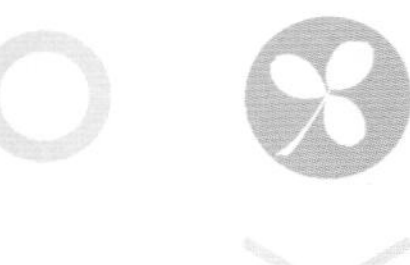

（3）播种量

播种量考虑的因素比较多：裸种子与包衣种子、发芽率与纯净度、千粒重、土壤墒情、土壤肥力、播种方式（单播、混播、穴播），条播有宽行和窄行两种。

目前我国苜蓿播种量（裸种子）和播种方式

地区	播种量（千克/公顷）	行距（厘米）
东北	15.0 ～ 18.0	15.0 ～ 18.0
华北	18.0 ～ 22.5	15.0 ～ 18.0
西北	22.5 ～ 30. 0	12.5 ～ 15.0

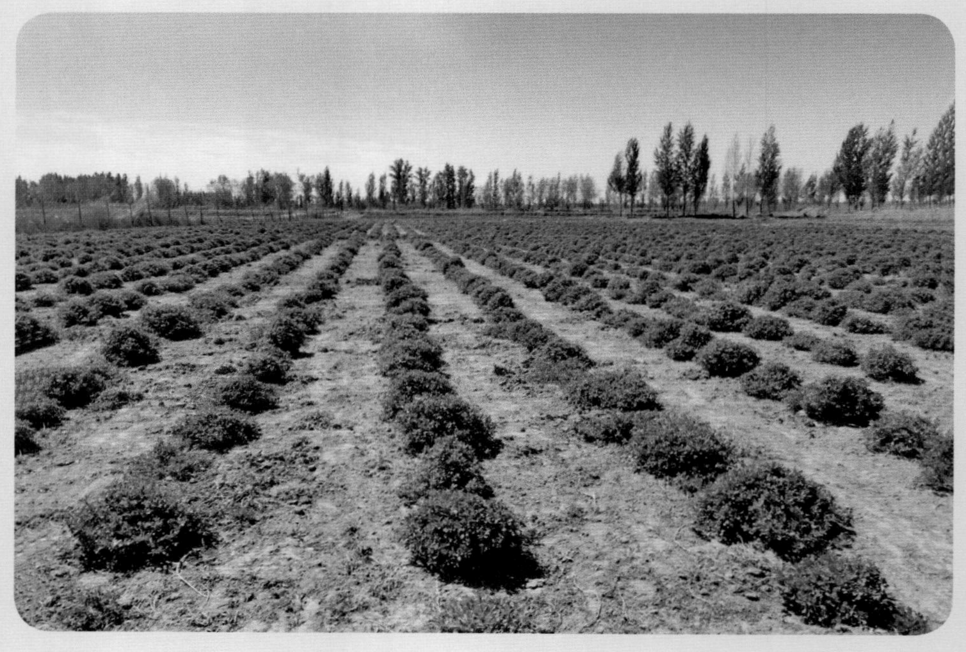

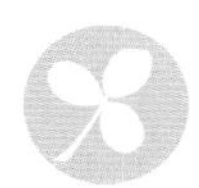

ᠭᠠᠵᠠᠷ ᠤᠷᠤᠨ	ᠤᠰᠤᠯᠠᠬᠤ ᠦᠭᠡᠢ ᠶᠢᠨ (ᠺᠢᠯᠤᠭ᠍ᠷᠠᠮ/ ᠭᠧᠺᠲ᠋ᠠᠷ)	ᠤᠰᠤᠯᠠᠬᠤ ᠶᠢᠨ ᠪᠡᠷ (ᠰᠠᠷ᠎ᠠ)
ᠪᠣᠷᠣᠭᠠᠨ ᠬᠠᠭᠤᠷᠠᠢ ᠭᠠᠵᠠᠷ	22.5 ~30.0	12.5 ~15.0
ᠬᠠᠭᠤᠷᠠᠪᠲᠤᠷ ᠭᠠᠵᠠᠷ	18.0 ~22.5	15.0 ~18.0
ᠴᠢᠭ ᠬᠠᠭᠤᠷᠠᠢ ᠭᠠᠵᠠᠷ	15.0 ~18.0	15.0 ~18.0

ᠰᠢᠨᠡ ᠰᠠᠷ᠎ᠠ

ᠲᠠᠷᠢᠯᠠᠯᠲᠠ ᠪᠠ ᠰᠠᠷ᠎ᠠ ᠶᠢᠨ ᠳᠤᠮᠳᠠ ᠬᠤᠭᠤᠷᠤᠨᠳᠤ (ᠬᠤᠪᠢᠶᠠᠷ ᠳᠤᠭᠠᠷ) ᠲᠠᠷᠢᠬᠤ ᠨᠢ ᠳᠤᠬᠢᠷᠠᠮᠵᠢᠲᠠᠢ᠂ ᠲᠠᠷᠢᠬᠤ

ᠪᠣᠯ ᠲᠠᠷᠢᠯᠠᠭ᠎ᠠ᠂ ᠲᠠᠷᠢᠶᠠᠨ ᠬᠤᠷᠢᠶᠠᠬᠤ ᠪᠣᠯ ᠲᠠᠷᠢᠯᠠᠭ᠎ᠠ) ᠰᠢᠨᠡ ᠬᠠᠪᠤᠷ ᠤᠨ ᠪᠣᠯᠪᠠᠰᠤᠷᠠᠯᠲᠠ ᠲᠠᠢ᠃

ᠲᠠᠷᠢᠶ᠎ᠠ ᠳᠤᠨᠢ᠂ ᠲᠠᠷᠢᠯᠠᠭ᠎ᠠ ᠰᠢᠨᠡ ᠰᠠᠷ᠎ᠠ ᠬᠤᠪᠢᠶᠠᠷᠢᠯᠠᠭᠰᠠᠨ ᠶᠢᠨ ᠲᠠᠷᠢᠯᠠᠭ᠎ᠠ᠂ ᠬᠤᠪᠢᠶᠠᠷ ᠲᠠᠷᠢᠯᠠᠭ᠎ᠠ᠂ ᠬᠠᠪᠤᠷ ᠲᠠᠷᠢᠶ᠎ᠠ

ᠬᠤᠪᠢᠶᠠᠷ ᠪᠣᠯᠤᠨ ᠬᠤᠷᠢᠶᠠᠬᠤ᠂ ᠲᠠᠷᠢᠶ᠎ᠠ ᠶᠢ ᠪᠣᠯᠭᠠᠬᠤ᠂ ᠪᠣᠯᠭᠠᠬᠤ ᠶᠢᠨ ᠬᠤᠭᠤᠷ ᠤᠨ ᠪᠣᠯᠤᠨ᠂ ᠪᠣᠯᠭᠠᠬᠤ ᠶᠢᠨ

ᠲᠠᠷᠢᠯᠠᠭ᠎ᠠ ᠬᠤᠪᠢᠶᠠᠷ ᠤᠨ ᠲᠤᠷᠰᠢᠯᠲᠠ ᠪᠠ ᠬᠤᠭᠤᠷᠤᠯ ᠲᠠᠷᠢᠶ᠎ᠠ ᠪᠣᠯ ᠲᠠᠷᠢᠯᠠᠭᠰᠠᠨ ᠲᠠᠷᠢᠶ᠎ᠠ᠂ ᠲᠤᠷᠰᠢᠯᠲᠠ ᠶᠢᠨ

（3）ᠲᠠᠷᠢᠯᠠᠭ᠎ᠠ ᠬᠤᠪᠢᠶᠠᠷ

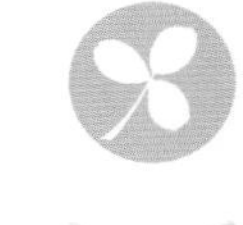

（4）播种方式

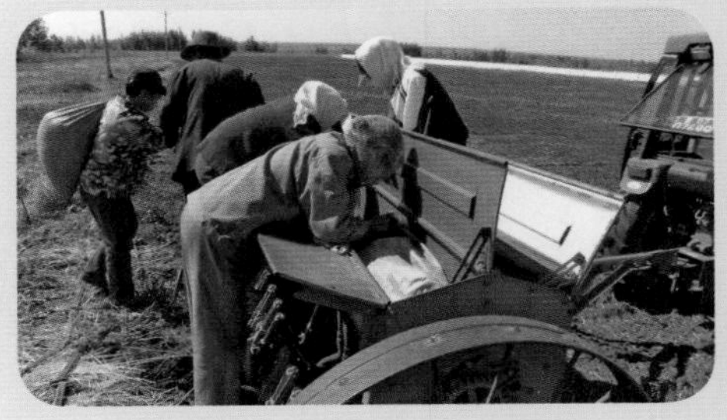

播种方式可分条播、撒播和穴播。采用哪种方式应视品种、土壤、气候以及利用目的而定。播种量与播种深度：种用0.45～0.75克／平方米，收草用1.5～2.25克／平方米；深度1～2厘米比较适宜。

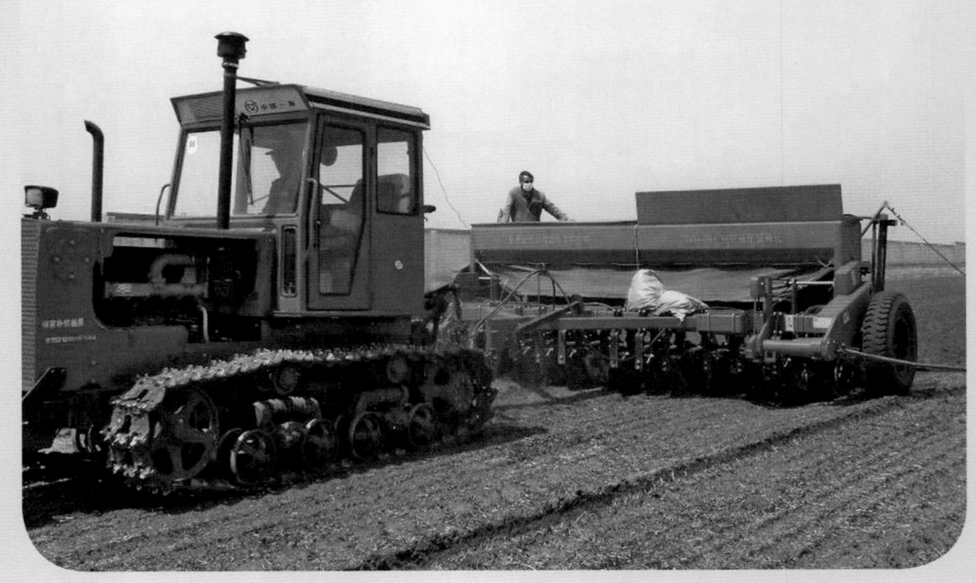

ᠪᠣᠯ ᠤ ᠭᠦᠨ ᠨᠢ 1~2 ᠰᠠᠨᠲ᠋ᠢᠮᠧᠲ᠋ᠷ ᠪᠠᠶᠢᠬᠤ ᠶᠢ ᠰᠢᠭᠠᠷᠳᠠᠨ᠎ᠠ᠃
0.75 ᠺᠢᠯᠣ/ᠮᠦ ᠦᠷ᠎ᠡ᠂ ᠬᠤᠯᠢᠮᠠᠭ ᠲᠠᠷᠢᠯᠠᠯᠭ᠎ᠠ ᠳᠤ ᠨᠢ ᠮᠦ ᠳᠦ 1.5~2.25 ᠺᠢᠯᠣ/ᠮᠦ ᠦᠷ᠎ᠡ᠂ ᠬᠠᠷᠢᠭᠤ ᠲᠠᠷᠢᠮᠠᠯ ᠬᠠᠳᠠᠯᠠᠬᠤ ᠡᠪᠡᠰᠦ ᠶᠢᠨ ᠲᠠᠷᠢᠮᠠᠯ ᠤᠨ ᠬᠤᠯᠢᠮᠠᠭ ᠲᠠᠷᠢᠯᠠᠯᠭ᠎ᠠ ᠳᠤ ᠨᠢ ᠮᠦ ᠳᠦ 0.45~ ᠺᠢᠯᠣ᠃

ᠪᠣᠳᠣ ᠮᠠᠯ ᠬᠠᠷᠠᠭᠠᠯᠵᠠᠬᠤ ᠶᠢᠨ ᠲᠠᠷᠢᠯᠠᠯᠭ᠎ᠠ ᠶᠢ ᠬᠤᠯᠢᠮᠠᠭ ᠲᠠᠷᠢᠯᠠᠯᠭ᠎ᠠ ᠳᠤ ᠨᠢ ᠬᠡᠷᠡᠭᠯᠡᠬᠦ ᠪᠣᠯᠤᠨ᠎ᠠ᠃ ᠲᠠᠷᠢᠮᠠᠯ ᠬᠠᠳᠠᠯᠠᠬᠤ ᠳᠤ ᠲᠠᠷᠢᠮᠠᠯ ᠤᠨ ᠦᠷ᠎ᠡ ᠶᠢ ᠬᠢᠵᠠᠭᠠᠷᠯᠠᠨ᠎ᠠ᠂ ᠬᠤᠯᠢᠮᠠᠭ ᠲᠠᠷᠢᠯᠠᠯᠭ᠎ᠠ ᠪᠠᠨ ᠡᠭᠦᠨ ᠢ ᠠᠩᠬᠠᠷᠤᠨ᠎ᠠ᠃

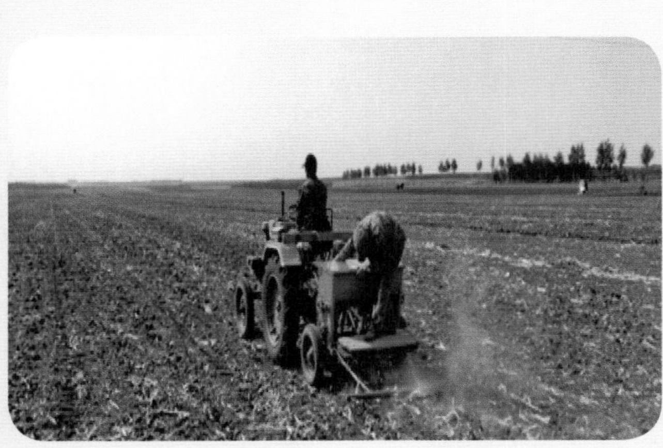

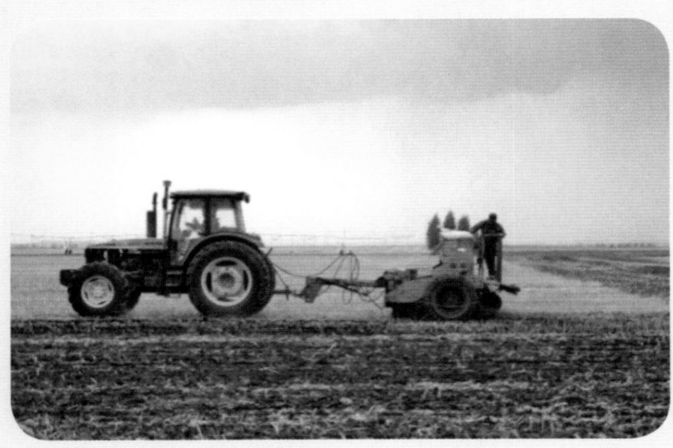

(4) ᠲᠠᠷᠢᠮᠠᠯ ᠬᠠᠳᠠᠯᠠᠬᠤ

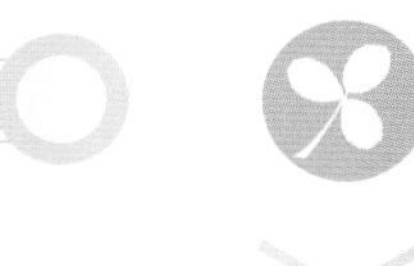

（5）注意事项

冬季极端气温低于−25℃地区秋霜前2个月、−25 ～−15℃地区秋霜前1.5个月、−15 ～−5℃地区秋霜前1个月不宜播种。

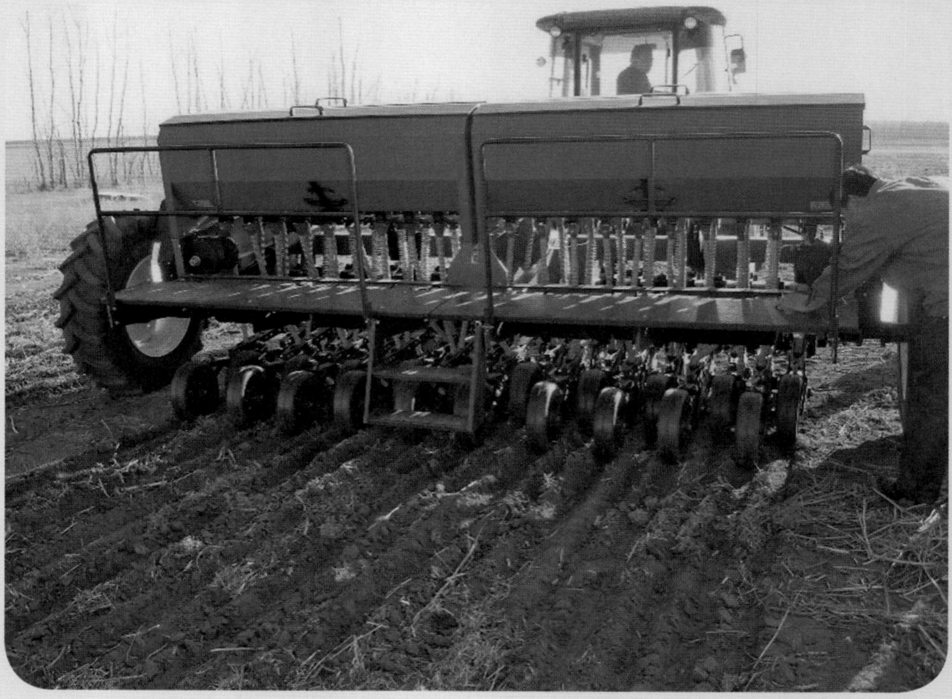

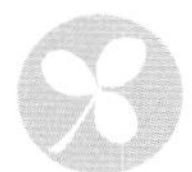

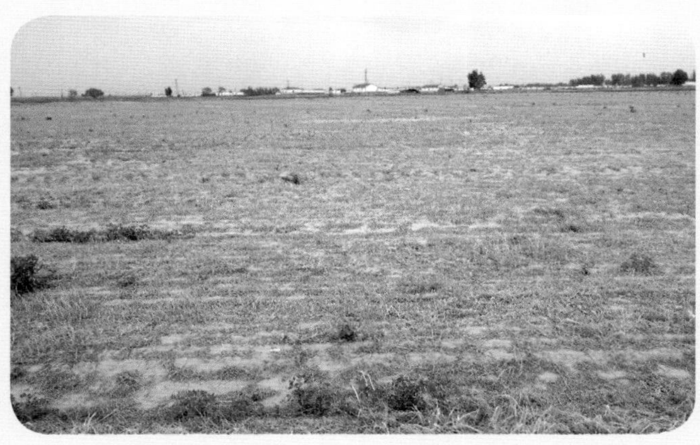

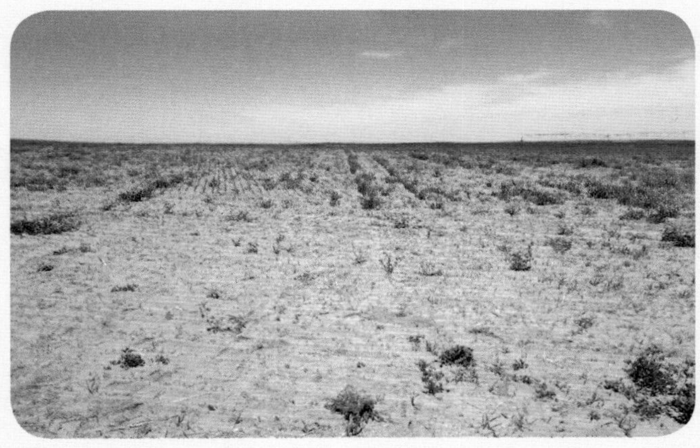

(5) ᠬᠠᠯᠠᠭᠤᠨ ᠲᠡᠰᠪᠦᠷᠢ

ᠳᠣᠣᠷ᠎ᠠ ᠭᠦᠨ -25°C ᠬᠦᠷᠪᠡᠯ ᠣᠨᠴᠠᠭᠠᠢ ᠣᠳᠣᠷᠢᠯᠠᠬᠤ ᠬᠥᠯᠳᠦᠬᠦ ᠬᠥᠷᠦᠰᠦ ᠨᠢ ᠬᠥᠯᠳᠦᠵᠦ ᠪᠠᠢᠭ᠎ᠠ ᠳᠤ᠂ ᠬᠥᠷᠦᠰᠦ ᠪᠡᠨ ᠦᠨᠳᠦᠷ 2 ᠮᠧᠲᠷ᠂ -25～-15°C ᠶᠢᠨ ᠬᠦᠢᠲᠡᠨ ᠳᠦ ᠪᠡᠨ ᠲᠡᠰᠦᠬᠦ ᠪᠠ ᠬᠥᠷᠦᠰᠦ ᠶᠢᠨ ᠦᠨᠳᠦᠷ 1 ᠮᠧᠲᠷ ᠦᠨᠳᠦᠷ 1.5 ᠮᠧᠲᠷ᠂ -15～-5°C ᠶᠢᠨ ᠬᠦᠢᠲᠡᠨ ᠳᠦ ᠪᠡᠨ ᠲᠡᠰᠦᠬᠦ ᠪᠠ ᠬᠥᠷᠦᠰᠦ ᠶᠢᠨ ᠬᠦᠷᠲᠡᠯ᠎ᠡ ᠪᠡᠷ ᠬᠥᠯᠳᠦᠭᠰᠡᠨ ᠪᠣᠯᠤᠨᠠ᠃

4. 施肥

需要施肥，但要适量。无论是水浇地，还是旱地、沙地等种植苜蓿，都需要施肥。

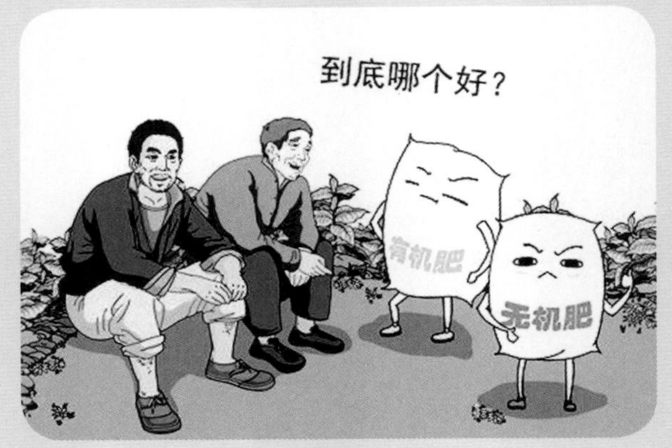

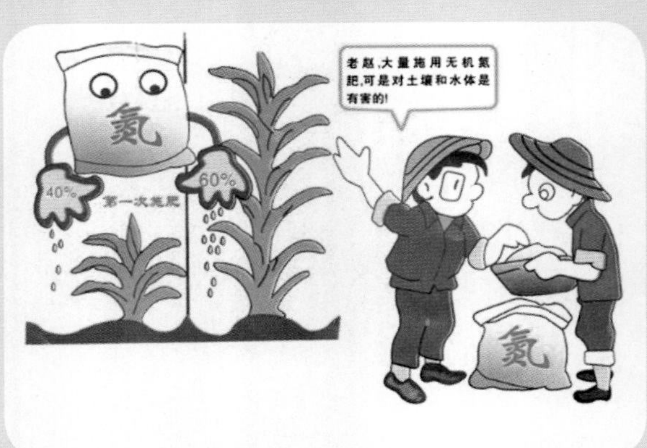

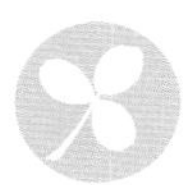

4. ᠪᠣᠷᠣᠭᠤᠯᠤᠷ ᠤᠰᠤᠯᠠᠯᠲᠠ

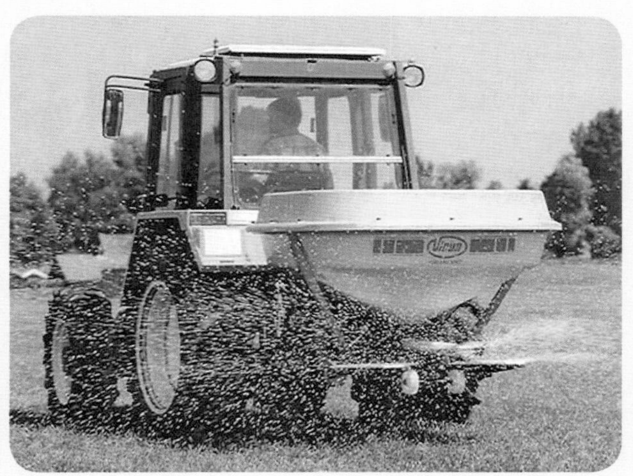

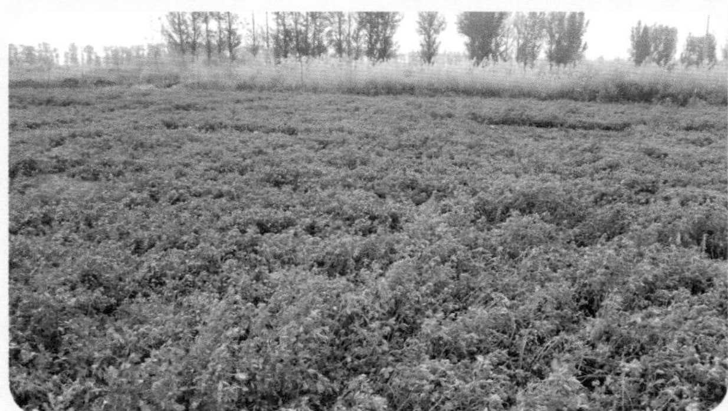

（1）基肥

又叫底肥，结合翻耕整地时施用有机肥（也叫农家肥）和化肥。有机肥主要是畜禽的粪尿、厩肥、堆肥等农家肥料，一般每公顷为15 000 ～ 40 000千克。

土壤有机质含量丰缺参考指标和推荐有机肥施用量

项　目	缺　乏	中　等	丰　富
有机质含量（%）	＜1.5	1.5 ～ 2.5	＞2.5
有机肥施用量（千克／平方米）	4.5 ～ 7.5	3.0 ～ 4.5	0 ～ 3.0

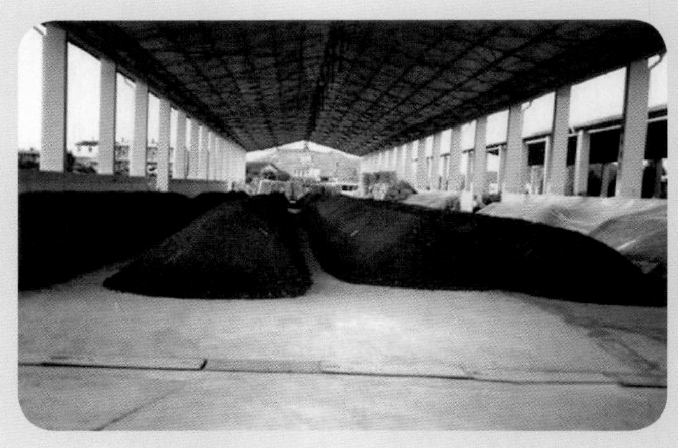

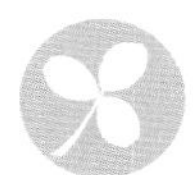

ᠬᠥᠷᠥᠰᠦᠨ ᠪᠣᠳᠣᠰ ᠤᠨ ᠬᠣᠯᠢᠭᠳᠠᠯ ᠤᠨ ᠴᠠᠬᠢᠯᠭᠠᠨ ᠳᠠᠮᠵᠢᠭᠤᠯᠤᠯᠲᠠ (ᠮᠢᠯᠢᠰᠢᠮᠧᠨ᠋ᠰ/ᠰᠠᠨᠲ᠋ᠢ ᠮᠧᠲ᠋ᠷ)	4.5 ~ 7.5	3.0 ~ 4.5	0 ~ 3.0
ᠬᠥᠷᠥᠰᠦᠨ ᠦ ᠳᠠᠪᠤᠰᠤᠯᠢᠭ (%)	< 1.5	1.5 ~ 2.5	> 2.5
ᠲᠣᠬᠢᠷᠠᠮᠵᠢ ᠴᠢᠨᠠᠷ	ᠲᠣᠬᠢᠷᠠᠮᠵᠢᠲᠠᠢ	ᠳᠤᠮᠳᠠ ᠵᠡᠷᠭᠡ	ᠮᠠᠭᠤ

ᠰᠠᠶᠢᠨ ᠤᠷᠠᠰᠬᠠᠬᠤ ᠪᠣᠯᠤᠨ ᠣᠯᠠᠨ ᠵᠢᠯ ᠤᠨ ᠬᠡᠷᠡᠭᠯᠡᠭᠡᠨ ᠦ ᠬᠤᠭᠤᠴᠠᠭᠠ ᠶᠢ ᠤᠷᠳᠤᠰᠬᠠᠬᠤ ᠶᠢᠨ ᠲᠥᠯᠥᠭᠡ ᠮᠠᠯᠵᠢᠭᠤᠷ ᠤᠨ ᠬᠦᠳᠡᠯᠦᠯ ᠦᠨ ᠦᠷ ᠡ ᠶᠢ 15 000~40 000 ᠺᠢᠯᠣᠭ᠍ᠷᠠᠮ/ᠭᠧᠺᠲ᠋ᠠᠷ ᠬᠡᠷᠡᠭᠯᠡᠬᠦ ᠬᠡᠷᠡᠭᠲᠡᠢ᠃ ᠪᠣᠷᠣᠭᠤᠯᠠᠭᠰᠠᠨ ᠪᠣᠭᠤᠳᠠᠢ ᠶᠢᠨ ᠰᠣᠷᠣᠯ ᠢ ᠲᠠᠷᠢᠬᠤ ᠡᠴᠡ ᠡᠮᠦᠨ᠎ᠡ ᠬᠥᠷᠥᠰᠦ ᠪᠡᠨ ᠭᠦᠨ ᠬᠠᠭᠠᠯᠵᠤ᠂ ᠬᠥᠷᠥᠰᠦ ᠪᠡᠨ ᠪᠣᠳᠣᠰ ᠲᠠᠢ ᠪᠣᠯᠭᠠᠬᠤ ᠬᠡᠷᠡᠭᠲᠡᠢ᠃ ᠬᠠᠭᠠᠯᠬᠤ ᠬᠦᠨ ᠳ᠋ᠦ ᠨᠢ ᠬᠥᠷᠥᠰᠦᠨ ᠦ ᠪᠠᠶᠢᠳᠠᠯ ᠢ ᠠᠵᠢᠭᠯᠠᠭᠠᠳ ᠲᠣᠭᠲᠠᠭᠠᠬᠤ ᠬᠡᠷᠡᠭᠲᠡᠢ (ᠵᠢᠷᠤᠭ 1)᠃

（1）ᠬᠠᠭᠠᠯᠬᠤ ᠬᠡᠷᠡᠭᠲᠡᠢ

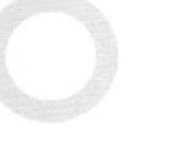
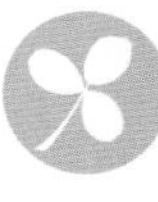

（2）种肥

以无机磷肥、氮肥和钾肥为主。种肥一般每公顷施磷酸二铵150～300千克，硫酸钾45～75千克。

土壤氮含量丰缺参考指标和推荐施氮量

项　目	缺　乏	中　等	丰　富
氮（%）	＜0.05	0.05～0.10	＞0.10
施氮量（N，千克/平方千米）	0～7 500	0	0

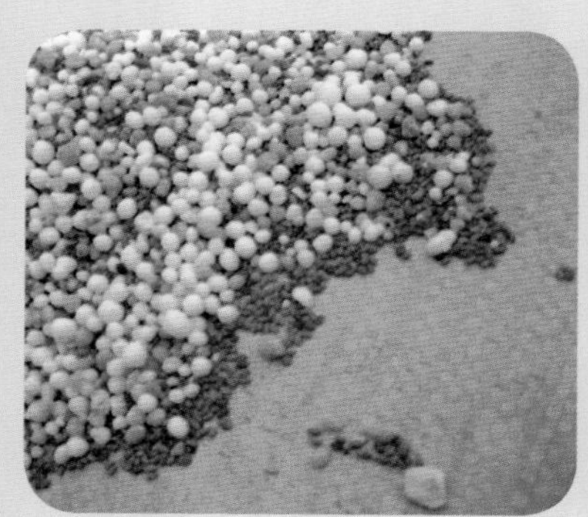
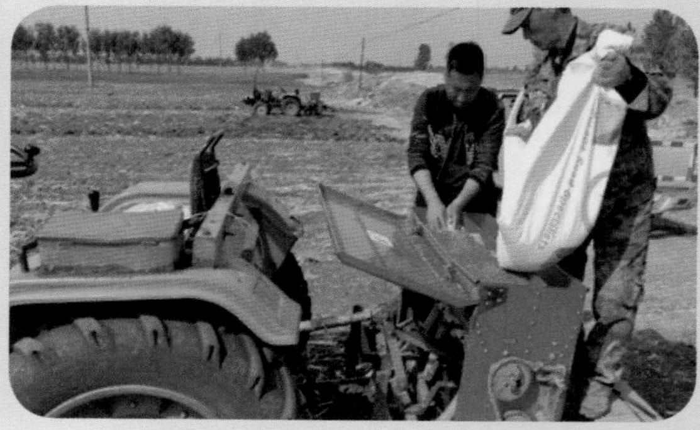

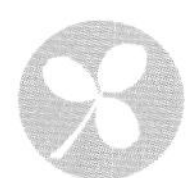

[illegible]	[illegible]	[illegible]
[illegible]	[illegible] (%)	[illegible]
0 ~ 7 500	< 0.05	[illegible]
0	0.05 ~ 0.10	[illegible]
0	> 0.10	[illegible]

[illegible]

[illegible] 45 ~ 75 [illegible] 150 ~ 300 [illegible]

(2) [illegible]

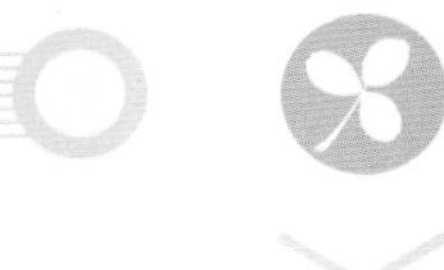

（3）追肥

在苜蓿生长发育期间，根据需要追施肥料。主要是速效化肥，可以撒施、条施或穴施，并且一定要结合趟耘培土及灌溉施用，也可进行叶面喷施等。

一般情况下，在幼苗期施用氮肥，每公顷施用量为75千克；在分枝期和现蕾期以及每次刈割后施用过磷酸钙每公顷150～300千克，施用磷酸铵每公顷75～150千克，施用硫酸钾或氯化钾每公顷45～75千克。切记要因地制宜去追肥。

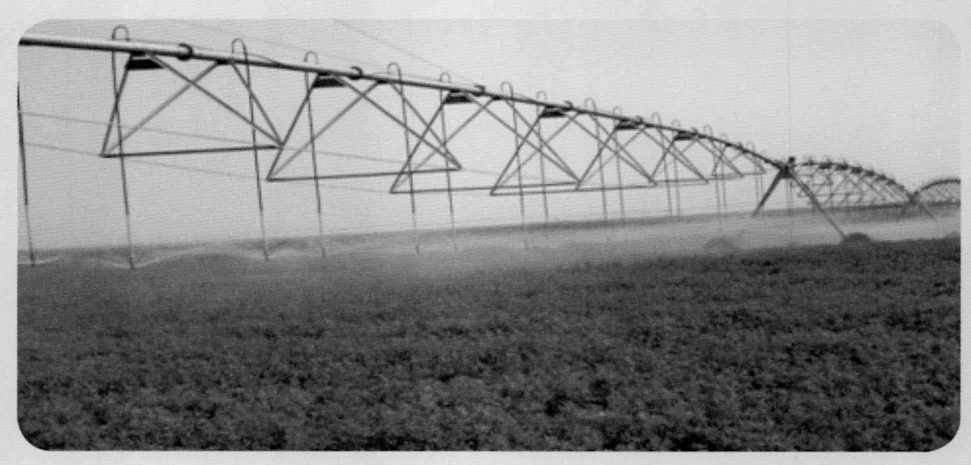

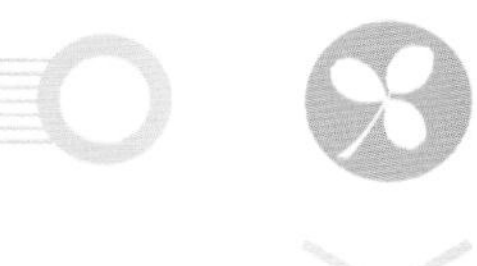

5. 灌溉

一般分为漫灌、畦灌、喷灌。适时灌溉非常重要，通常每年至少应灌溉4次。春季土壤解冻后苜蓿返青前灌溉和滴灌1次，时间在3月下旬至4月中旬。秋季大地封冻前灌溉1次，时间在10月下旬至11月上旬。每次刈割后为促进苜蓿再生草的生长，应实施灌溉。

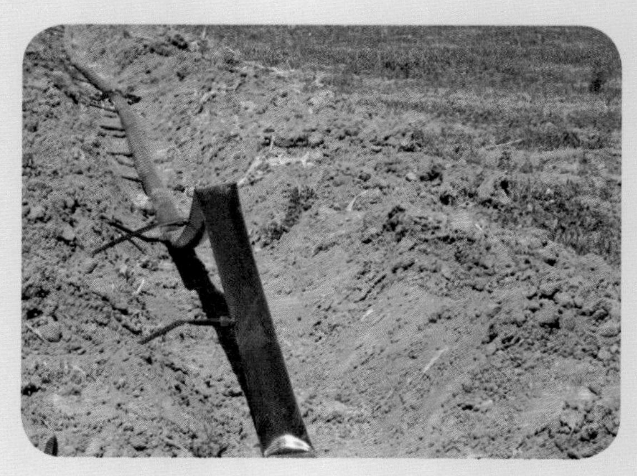

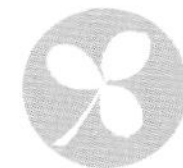

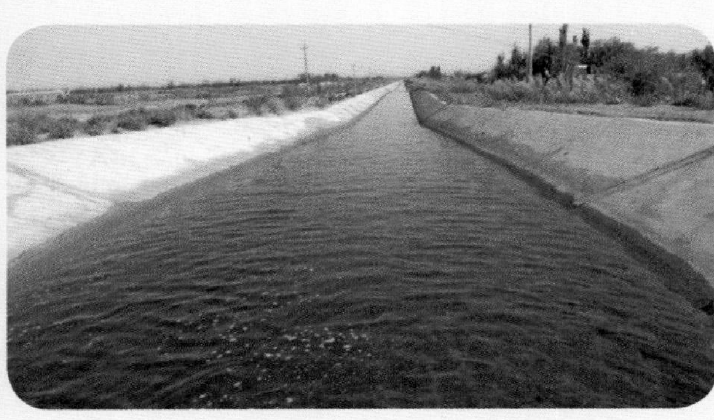

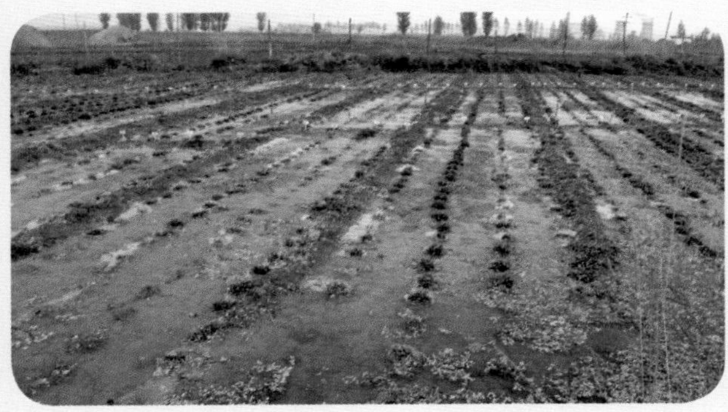

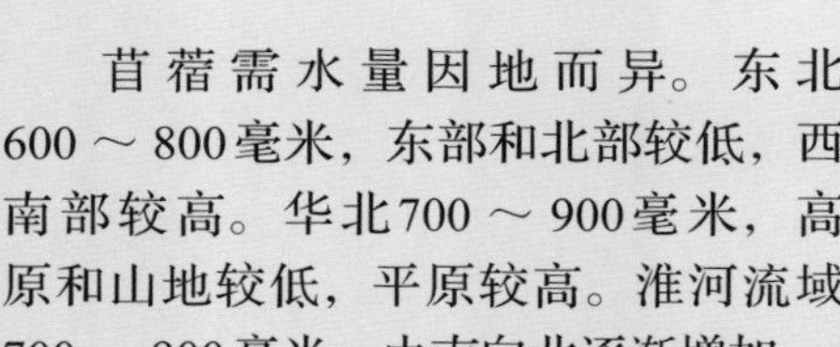

苜蓿需水量因地而异。东北600～800毫米，东部和北部较低，西南部较高。华北700～900毫米，高原和山地较低，平原较高。淮河流域700～900毫米，由南向北逐渐增加。

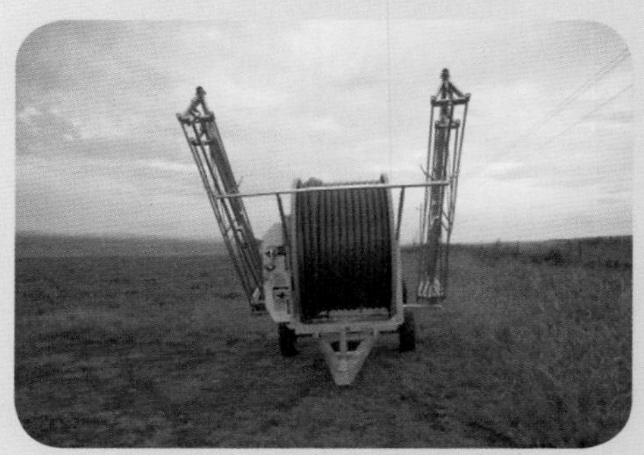

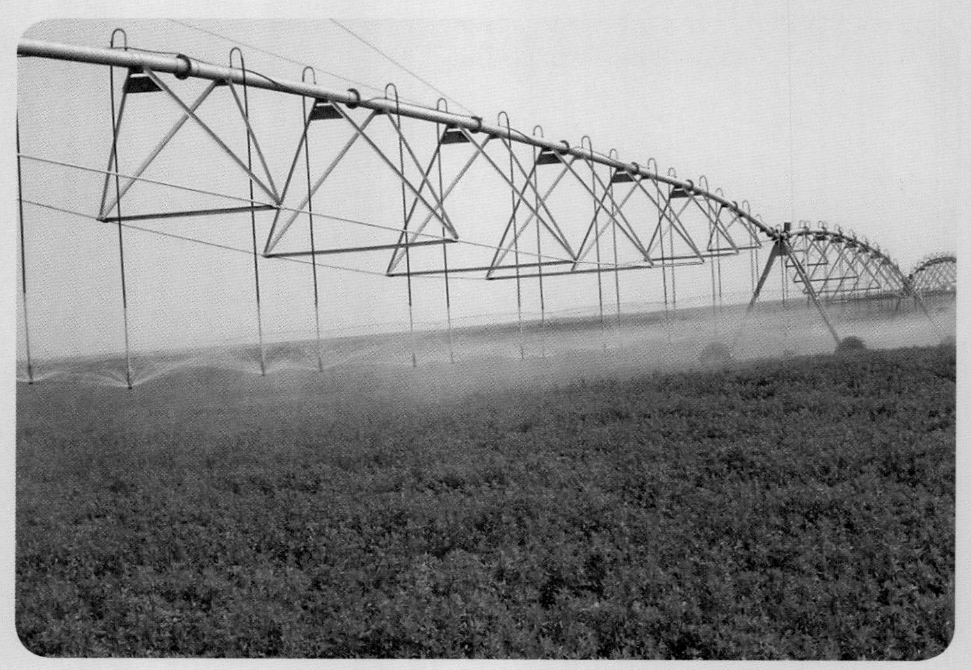

900 ᠮᠢᠯᠢᠮᠸᠲᠷ ᠬᠦᠷᠳᠡᠭ᠂ ᠪᠣᠯᠤᠨ᠎ᠠ ᠃
ᠬᠡᠷᠡᠭᠰᠡᠬᠦ ᠤᠰᠤ ᠨᠢ ᠮᠢᠯᠢᠮᠸᠲᠷ ᠪᠠᠶᠢᠳᠠᠭ ᠃ ᠬᠣᠶᠠᠷ ᠲᠡᠭᠦᠨ ᠤ ᠬᠠᠭᠤᠷᠠᠢ ᠭᠠᠵᠠᠷ ᠤᠨ ᠤᠰᠤ ᠨᠢ 700 ~
ᠮᠢᠯᠢᠮᠸᠲᠷ᠂ ᠬᠠᠭᠤᠷᠠᠢ ᠭᠠᠵᠠᠷ ᠤᠨ ᠳᠤ ᠬᠡᠷᠡᠭᠰᠡᠬᠦ ᠤᠰᠤ ᠨᠢ ᠤᠰᠤᠯᠠᠯᠲᠠ ᠶᠢᠨ ᠪᠠᠶᠢᠳᠠᠯ
ᠨᠢ ᠬᠡᠷᠡᠭᠰᠡᠬᠦ ᠤᠰᠤ ᠨᠢ ᠮᠢᠯᠢᠮᠸᠲᠷ ᠪᠠᠶᠢᠳᠠᠭ ᠃ ᠪᠦᠬᠦ ᠤᠰᠤ ᠨᠢ 700 ~ 900 ᠮᠢᠯᠢᠮᠸᠲᠷ ᠬᠦᠷᠳᠡᠭ᠂
ᠪᠠᠶᠢᠳᠠᠭ᠂ ᠮᠢᠯᠢᠮᠸᠲᠷ ᠬᠦᠷᠳᠡᠭ᠂ ᠤᠰᠤᠯᠠᠯᠲᠠ ᠶᠢᠨ ᠬᠡᠷᠡᠭᠰᠡᠬᠦ ᠤᠰᠤ ᠨᠢ ᠮᠢᠯᠢᠮᠸᠲᠷ ᠪᠠᠶᠢᠳᠠᠭ
ᠬᠡᠷᠡᠭᠰᠡᠬᠦ ᠤᠰᠤ ᠨᠢ ᠮᠢᠯᠢᠮᠸᠲᠷ ᠪᠠᠶᠢᠳᠠᠭ ᠃ ᠨᠢᠭᠡ ᠤᠰᠤ ᠶᠢᠨ ᠬᠡᠮᠵᠢᠶ᠎ᠡ ᠨᠢ 600 ~ 800
ᠮᠢᠯᠢᠮᠸᠲᠷ ᠪᠠᠶᠢᠬᠤ ᠨᠢ ᠤᠰᠤᠯᠠᠯᠲᠠ ᠶᠢᠨ ᠬᠡᠷᠡᠭᠰᠡᠬᠦ ᠤᠰᠤ ᠶᠢᠨ ᠬᠡᠮᠵᠢᠶ᠎ᠡ

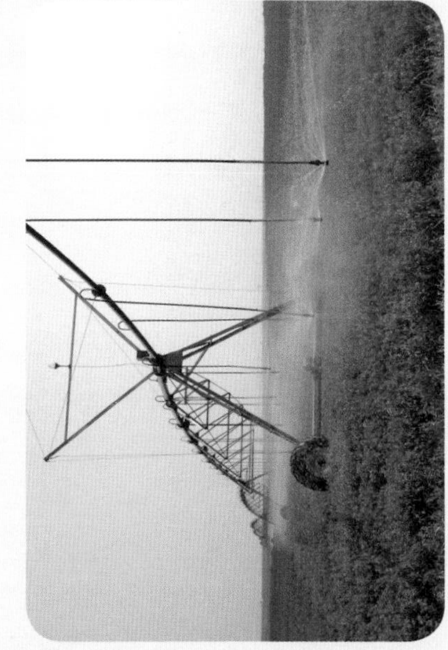

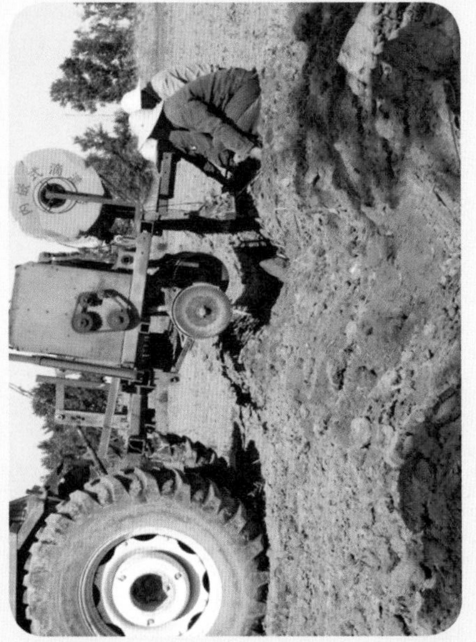

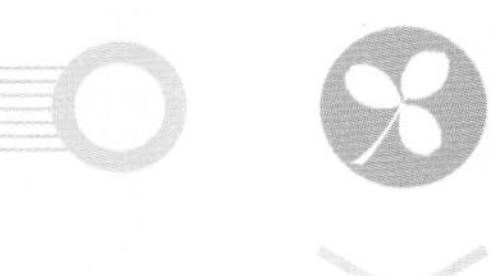

在苜蓿生长过程中，适时灌溉是提高其产草量和改善牧草品质的重要管理措施，特别是灌溉与施肥相结合，其效果更加明显。

苜蓿需水量与产草量

水文年	土壤水分	需水量（立方米/公顷）	产草量（千克/公顷）
湿润年	高	4 335	9 277.5
	中	3 795	6 337.5
	低	2 520	3 622.5
中等年	高	5 310	10 755.5
	中	3 427	7 515.0
	低	3 270	4 965.0
干旱年	高	6 420	12 127.5
	中	4 215	7 552.5
	低	2 175	4 230.0

注：引自水利部牧区水利科学研究所，草原灌溉，1995。

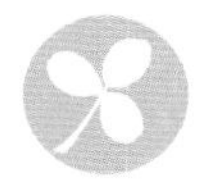
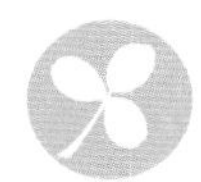

([illegible], 1995)

[illegible]	[illegible]			[illegible]			[illegible]		
[illegible]	[illegible]	[illegible]	[illegible]	[illegible]	[illegible]	[illegible]	[illegible]	[illegible]	[illegible]
[illegible]	4 335	3 795	2 520	5 310	3 427	3 270	6 420	4 215	2 175
[illegible]	9 277.5	6 337.5	3 622.5	10 755.5	7 515.0	4 965.0	12 127.5	7 552.5	4 230.0

[illegible]

[illegible]

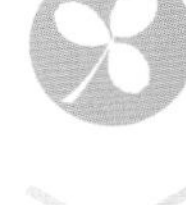

6. 田间管理

（1）破除板结

苜蓿地的田间管理非常重要，特别是当年建植的草地苗期田间管理是草地建植成功的关键环节。苜蓿田间管理主要包括破除土壤板结层、中耕除草、施肥、灌溉、病虫害防治及冻害防御等。

已形成板结层时，可用短齿耙或具有短齿的圆形耙来破除。

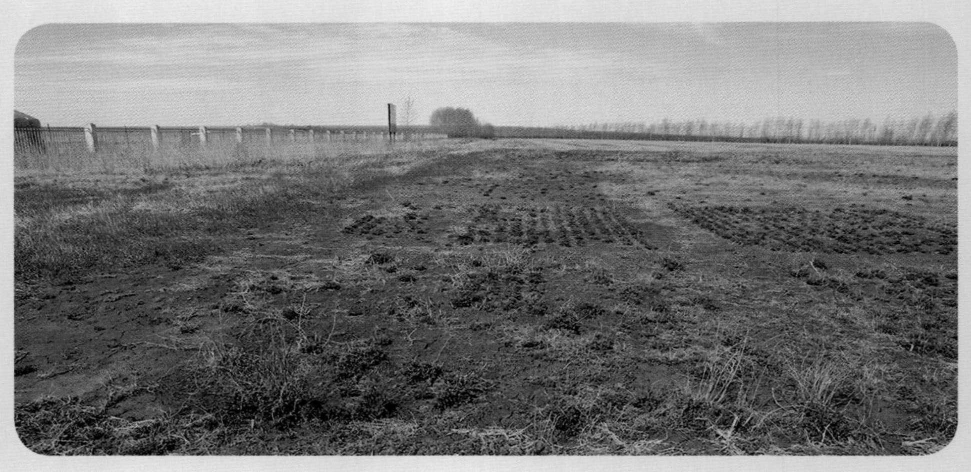

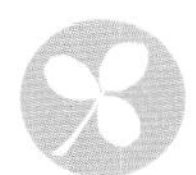

6. ᠣᠷᠴᠢᠨ ᠲᠣᠭᠣᠷᠢᠨ ᠤ ᠨᠥᠬᠦᠴᠡᠯ

(1) ᠭᠡᠷᠡᠯ ᠦᠨ ᠨᠥᠯᠦᠭᠡᠯᠡᠯ ᠢ ᠬᠠᠷᠢᠭᠤᠴᠠᠯᠠᠬᠤ

ᠪᠣᠯᠨᠠ᠃

（2）中耕除草

主要是人工除草和化学试剂除草。人工除草适合小面积的苜蓿地；化学试剂除草适合大面积的苜蓿地或田间杂草较多的苜蓿地，使用效果更好，可节省劳力、降低成本，及时消灭杂草。

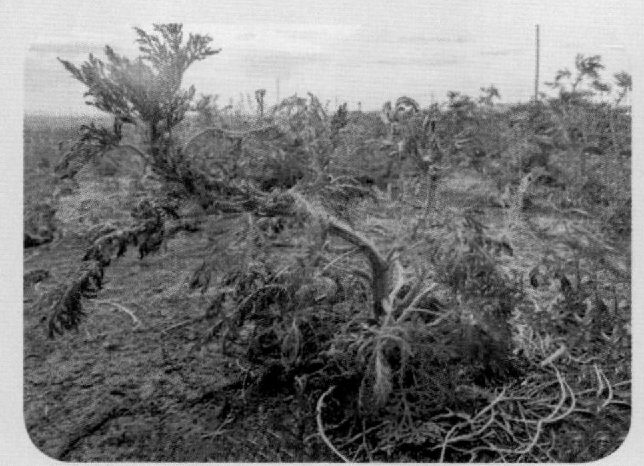

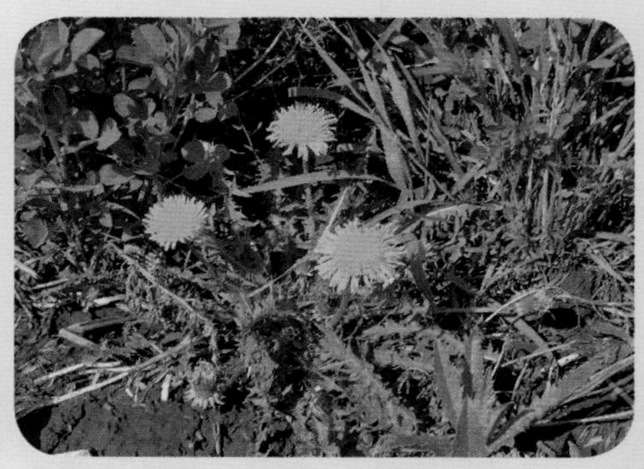

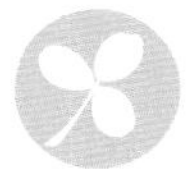

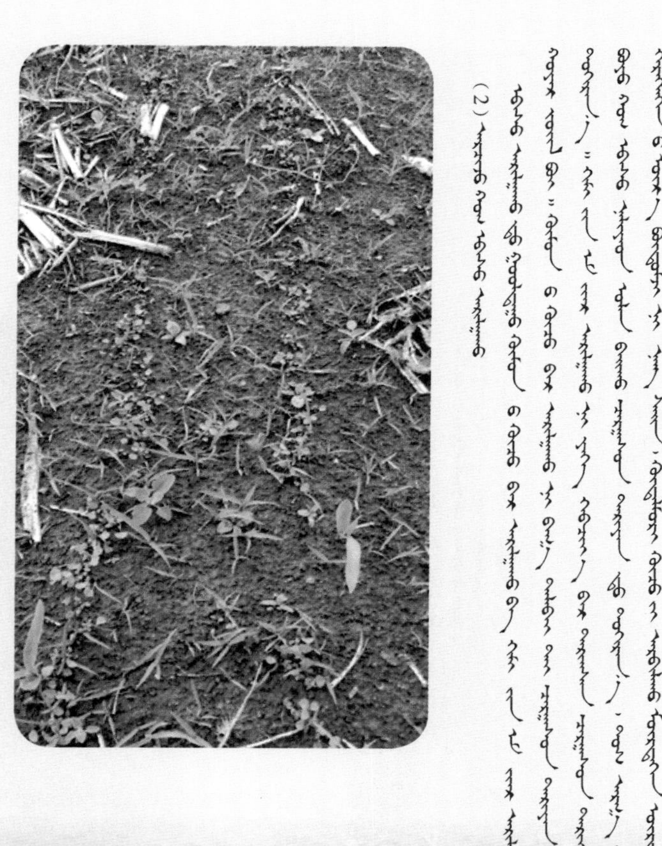

(2)

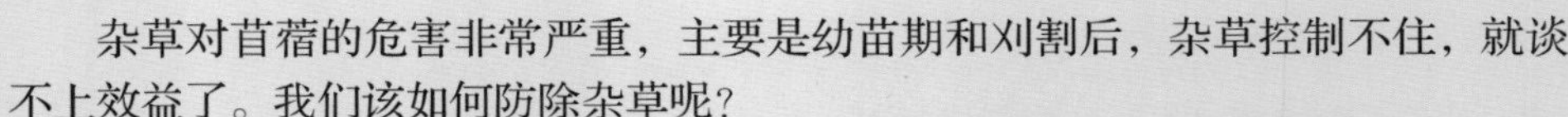

杂草对苜蓿的危害非常严重，主要是幼苗期和刈割后，杂草控制不住，就谈不上效益了。我们该如何防除杂草呢？

在苜蓿幼苗期，当株高达到10～20厘米时，用中耕机械、畜拉耘锄、人工用锄头等进行中耕，除掉垄间的杂草，垄沟内的杂草用手工拔除。在中耕前如果杂草过多，可在株高达到5～10厘米时，手工或用除草剂消灭杂草，以后有杂草要随时清除，充分保证苜蓿在当年的生长发育。

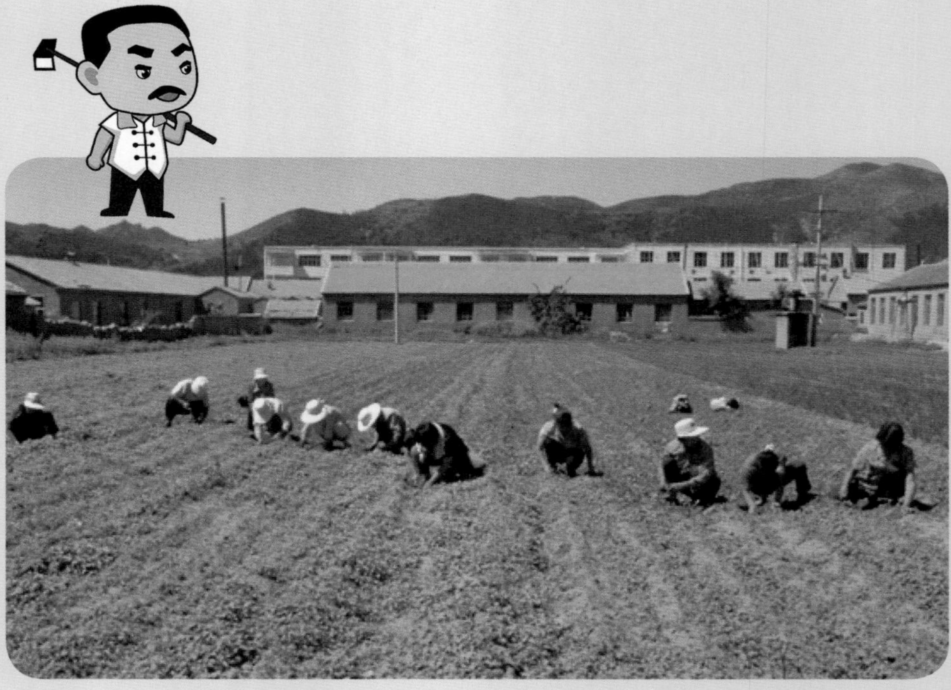

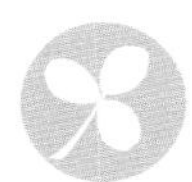

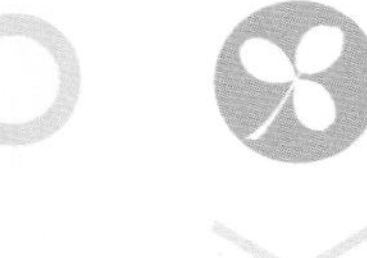

大面积的苜蓿地或田间杂草较多的苜蓿地使用化学试剂除草效果更好，可节省劳力、降低成本，及时消灭杂草。苜蓿田除草剂一般是在播种前、出苗后和刈割后使用。

常用除草剂

试剂名称	用量（毫升 / 平方千米）
5%普施特（豆草特、豆施乐）	150 000 ～ 180 000
25%苯达松（灭草松）+6.9%威霸	270 000+90 000
25%苯达松（灭草松）+15%精稳杀得	270 000+75 000
50%高特克（草除灵）+ 5%精禾草克（精喹禾灵）	45 000+75 000
50%高特克（草除灵）+ 10.8%高效盖草能	45 000+75 000

[illegible]

[illegible]

[illegible]	[illegible]
5% [illegible]	150 000 ~ 180 000
25% [illegible] + 6.9% [illegible]	270 000 + 90 000
25% [illegible] + 15% [illegible]	270 000 + 75 000
50% [illegible] + 5% [illegible]	45 000 + 75 000
50% [illegible] + 10.8% [illegible]	45 000 + 75 000

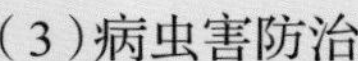
（3）病虫害防治

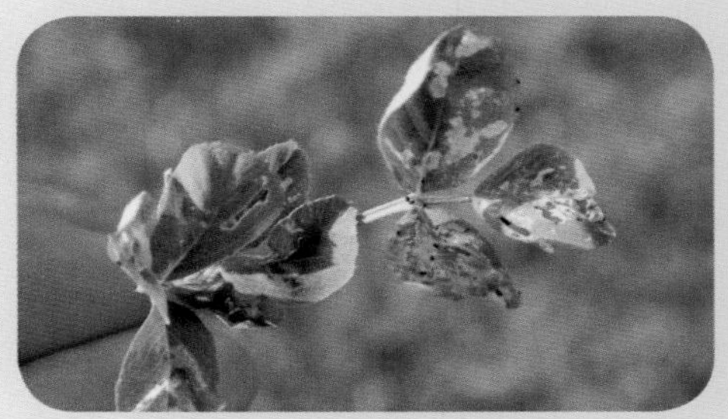

苜蓿病害：在干旱、半干旱和半湿润地区，苜蓿一般不容易发生严重的病害，但遇特殊气候或年份，仍然会发生一些病害。常见的病害主要有：根腐病、白粉病、霜霉病、褐斑病、锈病等。

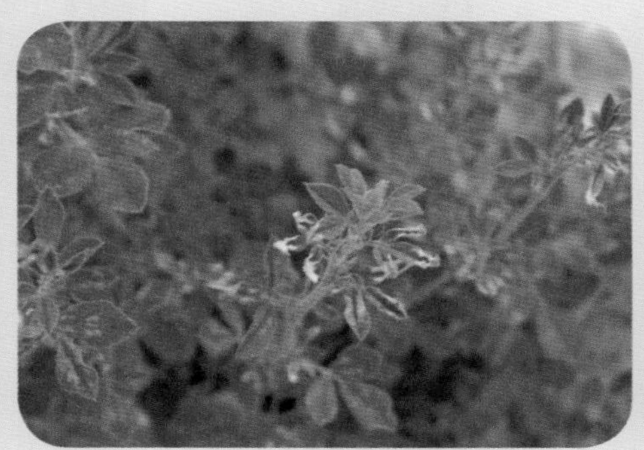

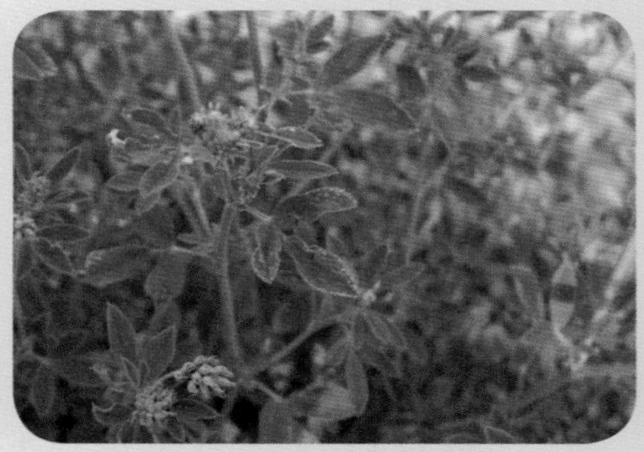

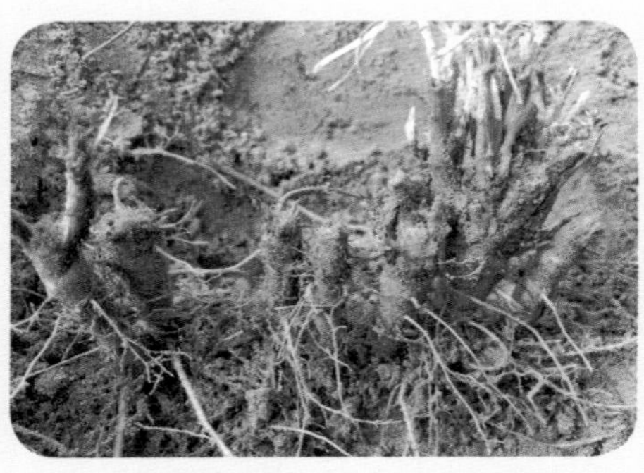

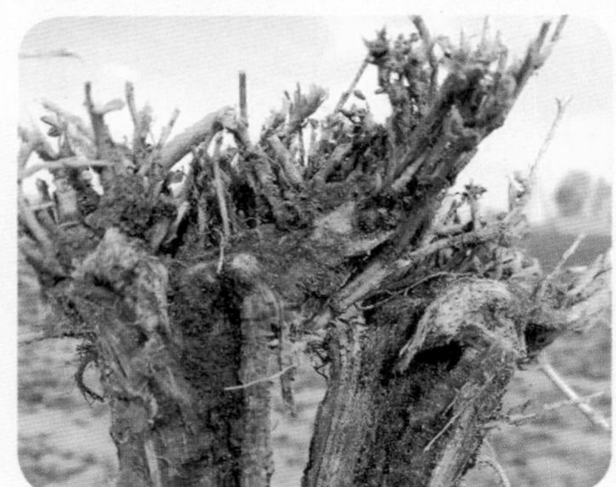

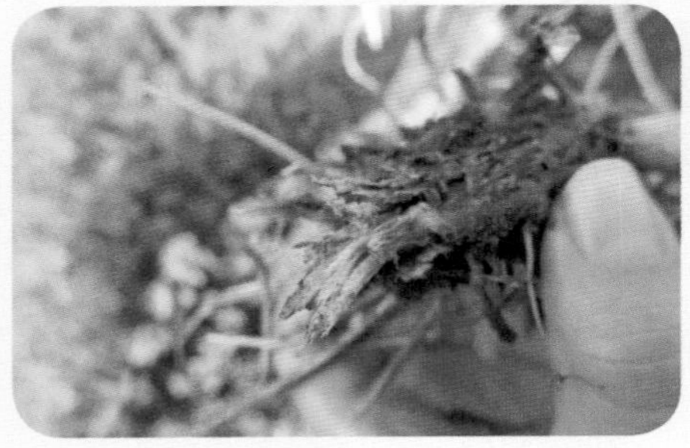

(3) [illegible]

[illegible]

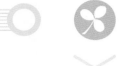

● 白粉病

症状：苜蓿的地上部分包括茎、叶、荚果、花柄等，均可出现白色霉层，其中叶片较严重。最初为蛛丝状小圆斑，后扩大增厚呈白粉状，后期出现褐色或黑色小点。白粉病可使苜蓿降低光合作用，生长缓慢，叶片脱落，牧草产量下降。

防治：发病时，小面积的草地或种子田可用硫磺粉、灭菌丹、粉锈宁和高脂膜等进行防治；大面积的草地须及时刈割，收获牧草，切断白粉病的漫延发展路径，减少损失。

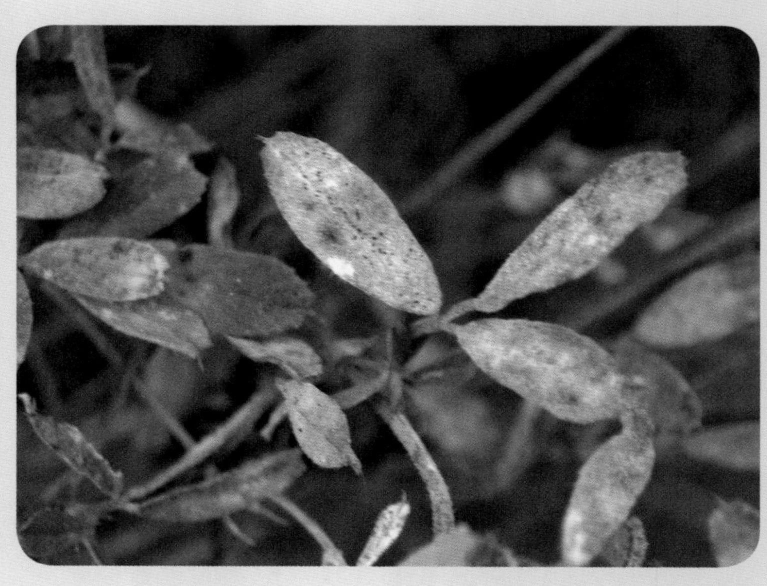

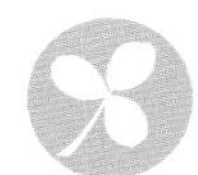

[illegible] (粉锈宁) [illegible] (高脂膜) [illegible]

● [illegible]

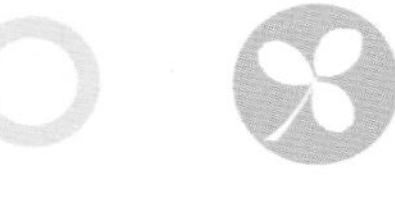

- 霜霉病

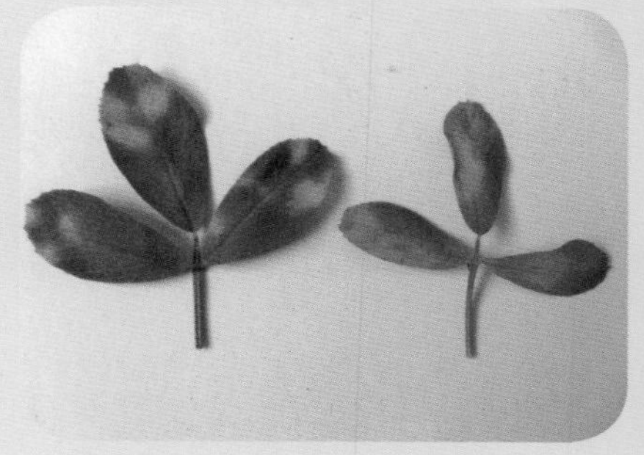

症状：植株出现局部不规则的退绿斑，病斑无明显边缘，逐渐扩大可达整个叶面，在叶背面和嫩枝出现灰白色霉层。叶片卷缩或腐烂，以幼枝叶症状明显。全株矮化退绿至枯死，不能形成花序。

防治：发病初期可用波尔多液、代森锰、福美双等喷施，或提前刈割牧草。

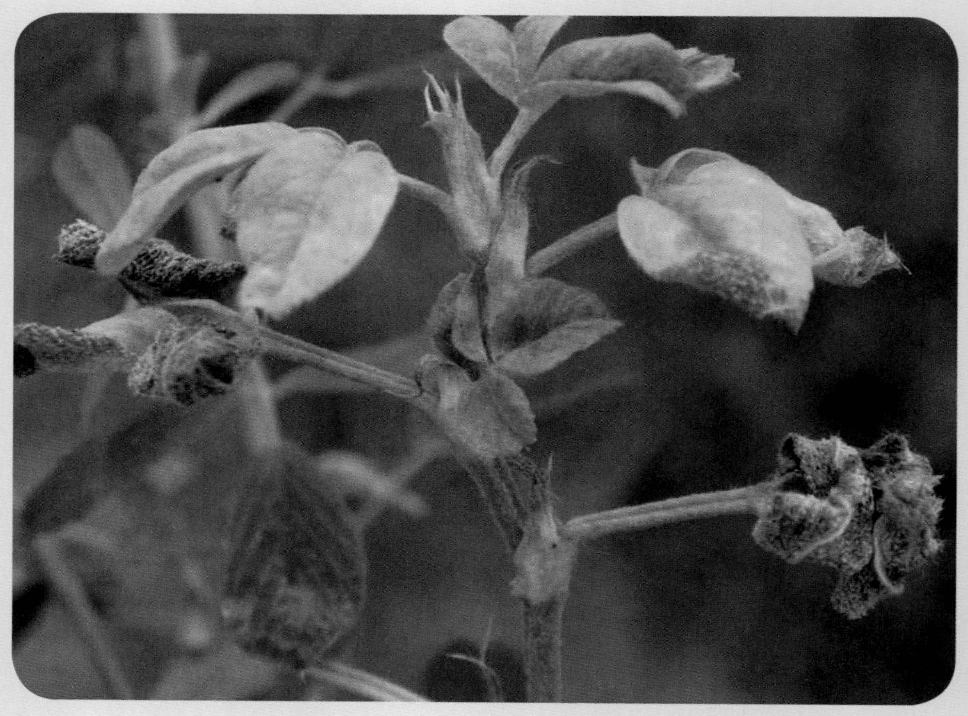

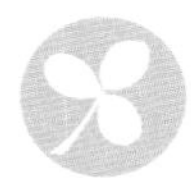

ᠳᠠᠢ (代森锰)᠂ ᠹᠦ ᠮᠸᠢ ᠱᠤᠸᠠᠩ (福美双) ᠵᠡᠷᠭᠡ ᠶᠢ ᠰᠠᠷᠠᠯᠤᠭᠤᠯᠵᠤ ᠡᠮᠴᠢᠯᠡᠨ᠎ᠡ᠃
ᠠᠷᠢᠯᠭᠠᠵᠤ ᠠᠯᠠᠨ᠎ᠠ᠃ ᠡᠮᠨᠡᠯᠭᠡ ᠶᠢᠨ ᠦ ᠬᠤᠭᠤᠴᠠᠭ᠎ᠠ ᠳᠤ ᠪᠣᠷᠳᠣ ᠰᠢᠩᠭᠡᠨ (波尔多液)᠂ ᠳᠠᠢ
ᠡᠮᠨᠡᠯᠭᠡ ᠶᠢᠨ ᠦ ᠪᠣᠯᠬᠤ ᠡᠮᠨᠡᠯᠭᠡ᠂ ᠪᠠᠢᠭᠠ ᠪᠣᠯᠣᠨ᠎ᠠ᠃
ᠤᠷᠢᠳᠴᠢᠯᠠᠨ ᠡᠮᠨᠡᠯᠭᠡ ᠶᠢᠨ ᠦ ᠨᠠᠮᠤᠷ ᠤᠨ᠃ ᠪᠣᠯᠭᠠᠬᠤ ᠪᠤᠯᠤᠭ ᠢ ᠪᠣᠯᠭᠠᠨ᠎ᠠ᠂
ᠪᠣᠯᠣᠮᠵᠢᠲᠠᠢ᠃ ᠤᠷᠢᠳᠴᠢᠯᠠᠨ ᠤᠨ ᠡᠮᠨᠡᠯᠭᠡ ᠪᠣᠯᠬᠤ᠂ ᠪᠣᠯᠭᠠᠨ ᠠᠷᠭ᠎ᠠ
ᠡᠮᠨᠡᠯᠭᠡ᠂ ᠤᠷᠢᠳᠴᠢᠯᠠᠨ ᠤ ᠨᠠᠮᠤᠷ ᠤᠨ ᠠᠷᠭ᠎ᠠ ᠡᠮᠨᠡᠯᠭᠡ ᠪᠣᠯᠭᠠᠨ ᠪᠣᠯᠣᠨ᠎ᠠ
ᠤ ᠪᠣᠯᠬᠤ ᠶᠢᠨ ᠠᠷᠭ᠎ᠠ ᠪᠣᠯᠣᠮᠵᠢ ᠠᠷᠭ᠎ᠠ ᠡᠮᠨᠡᠯᠭᠡ᠂ ᠤᠷᠢᠳᠴᠢᠯᠠᠨ ᠤ ᠡᠮᠨᠡᠯᠭᠡ ᠪᠣ
ᠠᠷᠢᠯᠭᠠᠨ᠃ ᠤᠷᠢᠳᠴᠢᠯᠠᠨ ᠠᠷᠭ᠎ᠠ ᠠᠷᠭ᠎ᠠ ᠪᠠ ᠡᠮᠨᠡᠯᠭᠡ ᠪᠣᠯᠬᠤ ᠡᠮᠨᠡᠯᠭᠡ᠂ ᠡᠮᠨᠡᠯᠭᠡ

● ᠨᠢᠭᠡ᠂ ᠪᠣᠯᠭᠠᠬᠤ ᠡᠮᠨᠡᠯᠭᠡ

● 褐斑病

症状：在苜蓿种植区普遍发生，是苜蓿的严重病害。发病时叶片上出现圆形褐色斑块，边缘不整齐呈细齿状，病叶变黄脱落，严重时植株其他部位均可出现病斑。

防治：最好的办法是提早刈割利用，以减轻病害对草地以后的危害程度，种子田可用代森锰锌、百菌清、苯莱特等杀灭病菌。

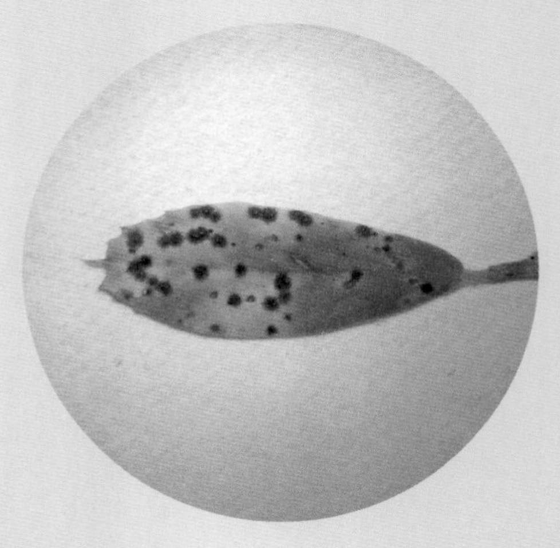

ᠪᠣᠯᠤᠨ᠎ᠠ᠃

᠂ᠪᠠᠰᠠ ᠳᠣᠯᠣᠭᠠᠨ ᠬᠤᠪᠢ (百菌清) ᠪᠠ ᠲᠠᠪᠢᠨ ᠬᠤᠪᠢ (苯莱特) ᠵᠡᠷᠭᠡ ᠬᠣᠣᠷᠲᠤ ᠡᠮ ᠢ ᠭᠠᠵᠠᠷ ᠤᠨ ᠪᠦᠬᠦ ᠭᠠᠳᠠᠷᠭᠤ ᠳᠤ ᠰᠢᠯᠵᠢᠭᠦᠯᠪᠡᠯ᠂ ᠬᠣᠣᠷᠨᠢ ᠢ ᠤᠷᠢᠳᠴᠢᠯᠠᠨ ᠰᠡᠷᠭᠡᠢᠯᠡᠬᠦ ᠳᠦ ᠲᠤᠰᠠᠲᠠᠢ ᠢ (代森锰锌) ᠬᠡᠷᠡᠭᠯᠡᠵᠦ ᠪᠣᠯᠣᠨ᠎ᠠ᠃ ᠡᠮ ᠦᠨ ᠬᠡᠮᠵᠢᠶ᠎ᠡ ᠶᠢ ᠲᠣᠬᠢᠷᠠᠭᠤᠯᠬᠤ ᠤᠨ ᠬᠠᠮᠲᠤ ᠭᠠᠵᠠᠷ ᠤᠨ ᠪᠠᠢᠳᠠᠯ ᠢ ᠬᠠᠷᠭᠠᠯᠵᠠᠨ ᠰᠢᠯᠵᠢᠭᠦᠯᠦᠨ ᠬᠡᠷᠡᠭᠯᠡᠨ᠎ᠡ᠃ ᠬᠣᠣᠷᠨᠢ ᠶᠢᠨ ᠡᠮ ᠢ ᠣᠯᠠᠨ ᠳᠠᠬᠢᠨ ᠲᠠᠷᠢᠵᠤ ᠪᠣᠯᠬᠤ ᠦᠭᠡᠢ᠃ ᠬᠣᠣᠷᠨᠢ ᠶᠢᠨ ᠡᠮ ᠢ ᠰᠣᠯᠢᠨ ᠬᠡᠷᠡᠭᠯᠡᠬᠦ ᠳᠤ ᠨᠢ ᠬᠣᠣᠷᠨᠢ ᠶᠢᠨ ᠡᠰᠡᠷᠭᠦᠴᠡ ᠴᠢᠳᠠᠪᠤᠷᠢ ᠪᠠᠭᠤᠷᠠᠬᠤ ᠪᠣᠯᠤᠨ᠎ᠠ᠃ ᠬᠡᠷᠡᠭᠯᠡᠭᠰᠡᠨ ᠬᠣᠣᠷᠲᠤ ᠡᠮ ᠦᠨ ᠬᠡᠮᠵᠢᠶ᠎ᠡ ᠪᠡᠷ ᠬᠣᠣᠷᠨᠢ ᠶᠢᠨ ᠪᠠᠶᠢᠳᠠᠯ ᠢ ᠬᠠᠷᠭᠠᠯᠵᠠᠬᠤ᠂ ᠬᠣᠣᠷᠨᠢ ᠶᠢ ᠰᠢᠯᠵᠢᠭᠦᠯᠦᠨ ᠠᠷᠢᠯᠭᠠᠨ᠎ᠠ᠃

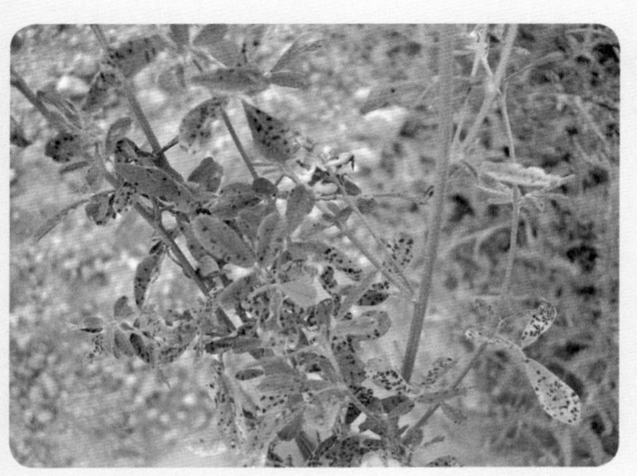

● ᠪᠠᠢᠭᠠᠯ ᠬᠣᠣᠷᠲᠤ ᠬᠣᠣᠷᠨᠢ

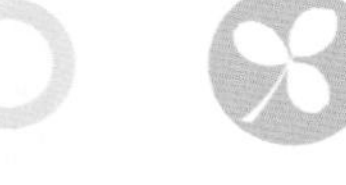

● 锈病

症状：主要危害叶片、叶柄、茎和荚果，在叶片背面出现近圆形小病斑，为灰绿色，以后表皮破裂呈粉末状。病叶常皱缩并提前脱落。

防治：在防治上可增施磷钙肥，增强植株的抗病性，及时刈割利用。种子田可用代森锰锌、粉锈宁等防治。

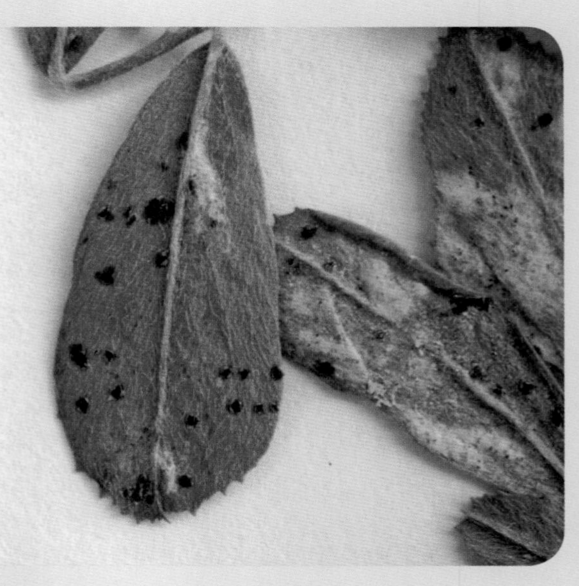

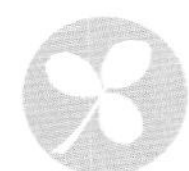

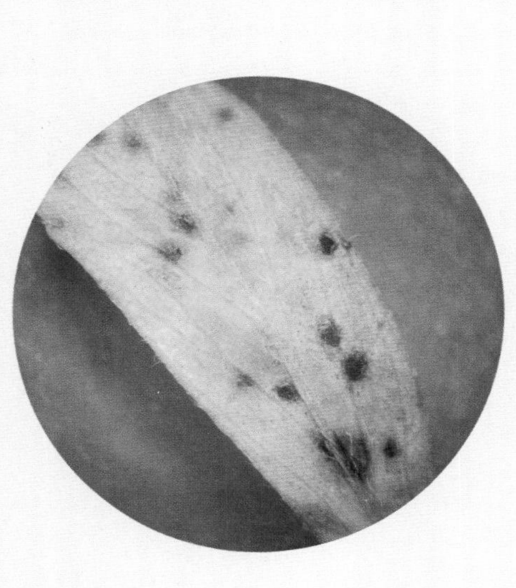

• ᠡᠮᠴᠢᠯᠡᠬᠦ ᠠᠷᠭ᠎ᠠ

ᠠᠷᠭ᠎ᠠ᠄ ᠬᠣᠣᠷᠤᠨᠳᠤ᠂ ᠬᠤᠪᠢᠶᠠᠷᠢ ᠬᠠᠯᠳᠠᠪᠤᠷ ᠣᠷᠴᠢᠨ ᠤ ᠪᠣᠳᠤᠰ ᠢ ᠠᠷᠢᠯᠭᠠᠨ ᠤᠰᠠᠳᠬᠠᠬᠤ ᠪᠠ ᠡᠮ ᠢᠶᠡᠷ ᠬᠣᠷᠢᠭᠯᠠᠨ᠎ᠠ᠃ ᠡᠮ ᠦᠨ ᠬᠠᠯᠳᠠᠪᠤᠷ ᠤᠨ ᠡᠬᠢ ᠶᠢ ᠵᠢᠭᠠᠭᠠᠳ ᠬᠣᠣᠷᠤᠨᠳᠤ ᠬᠠᠯᠳᠠᠪᠤᠷ ᠤᠨ ᠡᠮ ᠢ ᠴᠠᠭ ᠲᠤ ᠨᠢ ᠬᠡᠷᠡᠭᠯᠡᠨ᠎ᠡ᠃ ᠡᠮ ᠢ ᠪᠠ ᠲᠠᠷᠢᠮᠠᠯ ᠤᠨ ᠡᠮ ᠢ ᠬᠣᠣᠰᠯᠠᠨ ᠬᠡᠷᠡᠭᠯᠡᠨ᠎ᠡ᠃ ᠡᠮ ᠨᠢ ᠬᠡᠭᠡᠷᠡ ᠶᠢᠨ ᠡᠮ (代森锰锌)᠂ ᠪᠠ ᠳᠡᠯᠡᠨ (粉锈宁) ᠵᠡᠷᠭᠡ ᠶᠢ ᠬᠡᠷᠡᠭᠯᠡᠨ ᠰᠡᠷᠭᠡᠢᠯᠡᠨ᠎ᠡ ᠪᠣᠯᠤᠨ᠎ᠠ᠃

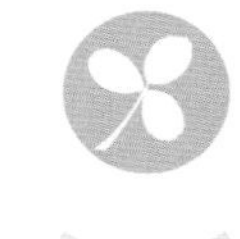

- 根腐病

地上部症状：苜蓿感染根腐病后植株稀疏，生长缓慢。在旺盛生长期间，染病植株的个别枝条或一侧的枝梢萎蔫下垂，叶片枯黄，而且常有红紫色变色。随病情发展，大片植株生长不良，叶片变黄，最后整株枯死。

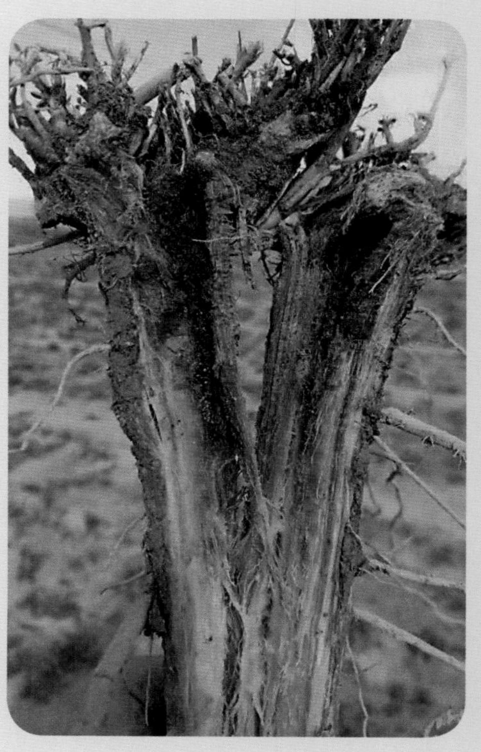

地下根部症状：发病初期根部和茎基部先后出现水渍状褐色坏死病斑。随后病斑扩大，病部表皮由褐色变黑、腐烂，用手一搓表皮即脱落。剖开主根，可见根茎里面变褐、变黑，病株极易从土中拔出。

防治：选育和推广抗病品种；加强栽培管理，选择地势较高、排水良好的砂壤土或壤土地种植苜蓿；发病严重的地块可实行3～5年的轮作；田间发现病株要及时清除并带出田外集中销毁；要及时进行药剂灌根。

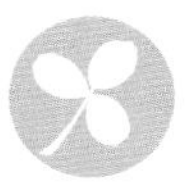

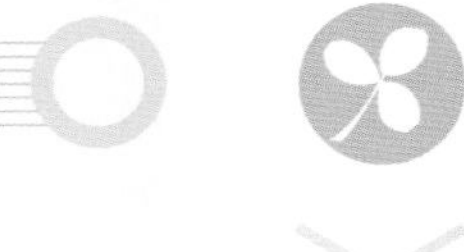

苜蓿病害防治：苜蓿病害一方面可导致牧草的产量和质量严重下降，甚至丧失其使用价值；另一方面，产生的毒素会通过植株个体，影响以苜蓿为食料的牲畜健康。苜蓿病害的防治一般是以预防为主，防治结合。

常见病害及防治药剂

病害名称	试剂名称	倍　液
锈　病	20%粉锈宁	1 000～1 500
	75%百菌清（达克宁）	600
	70%代森锰锌（大生）	600
霜霉病	65%代森锌	400～500
	70%代森锰锌（大生）	400～600
	72%普力（霜霉威）	600～800
白粉病	20%粉锈宁	3 000～5 000
	70%甲基托布津（甲基硫菌灵）	1 000
	40%福星（氟硅唑）	8 000～10 000

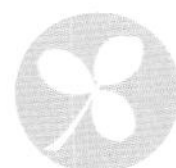

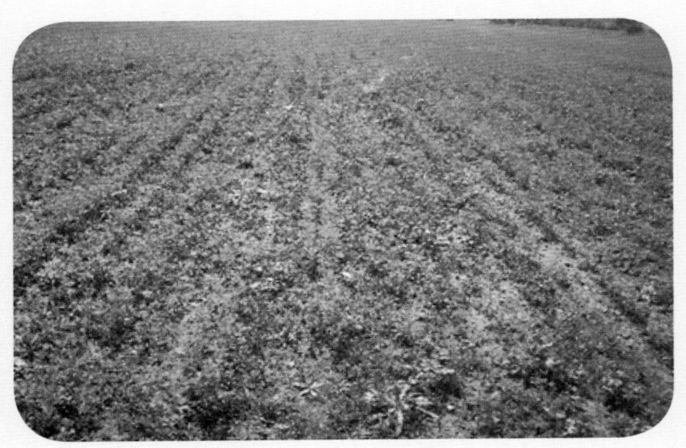

[illegible]

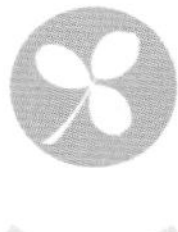

（续表）

病害名称	试剂名称	倍　液
褐斑病（叶斑病）	50%多菌灵	500 ～ 800
	70%甲基托布津（甲基硫菌灵）	600 ～ 1 000
	75%百菌清（达克宁）	600
	70%代森锰锌（大生）	600

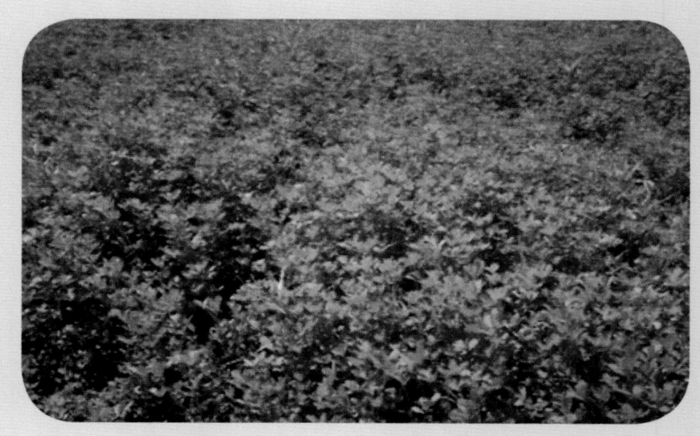

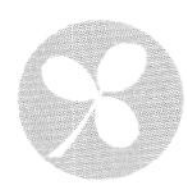

[illegible]

[illegible]	[illegible]	[illegible]
[illegible]	20% [illegible]	1 000 ~ 1 500
	75% [illegible] ([illegible])	600
	70% [illegible] ([illegible])	600
[illegible]	65% [illegible]	400 ~ 500
	70% [illegible] ([illegible])	400 ~ 600
	72% [illegible] ([illegible])	600 ~ 800
[illegible]	20% [illegible]	3 000 ~ 5 000
	70% [illegible] ([illegible])	1 000
	40% [illegible] ([illegible])	8 000 ~ 10 000
[illegible] ([illegible])	50% [illegible]	500 ~ 800
	70% [illegible] ([illegible])	600 ~ 1 000
	75% [illegible] ([illegible])	600
	70% [illegible] ([illegible])	600

危害苜蓿的害虫种类较多，发生时对苜蓿或多或少地造成不同程度的危害。防治不及时，就会影响苜蓿的生长发育，造成牧草减产，降低草产品质量。因此，苜蓿虫害的防治是一项比较重要的工作。苜蓿的虫害相对多一些，有草地螟、芫菁类、夜蛾类、蚜虫类、蓟马类、籽蜂类、盲蝽类、金龟子类、叶象甲、叶蝉类等。

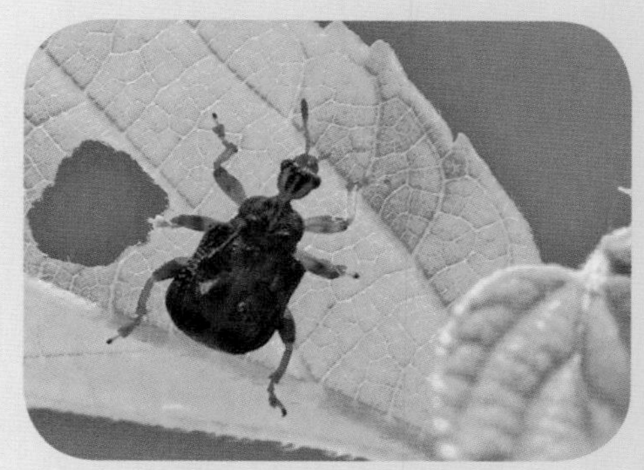

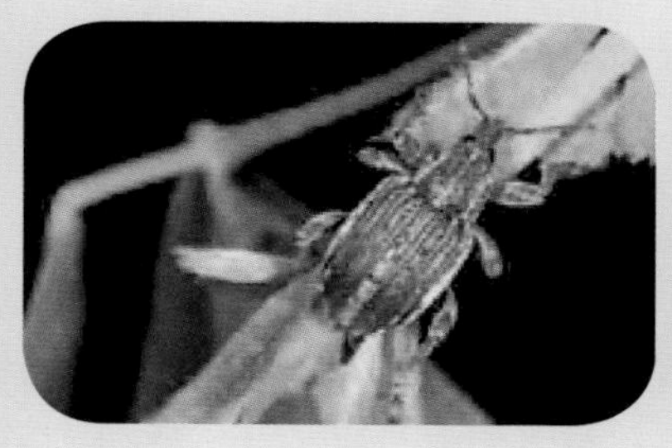

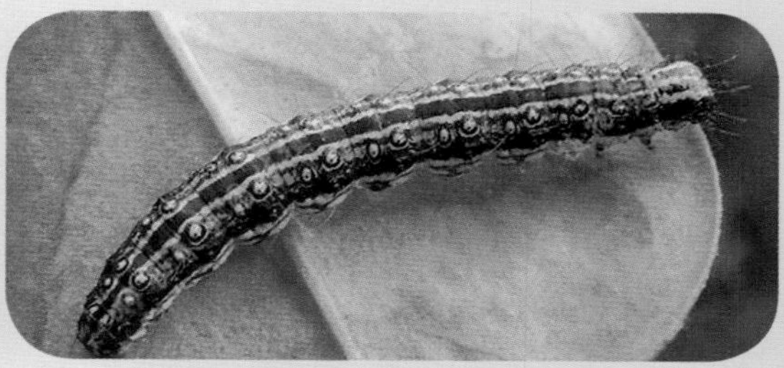

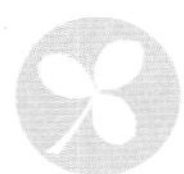

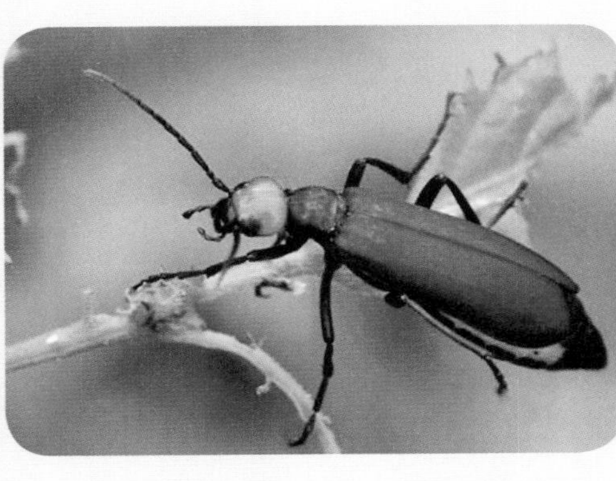

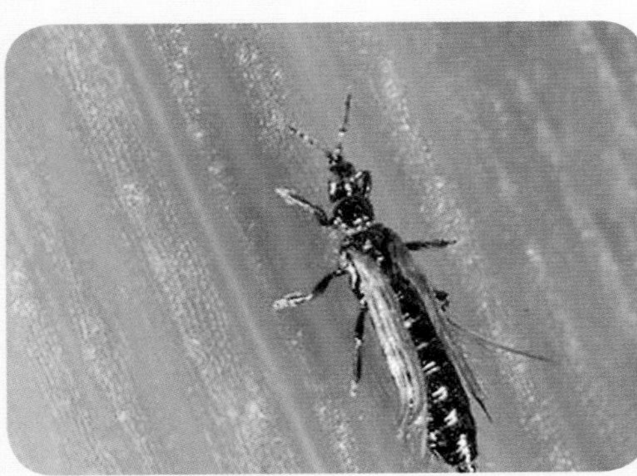

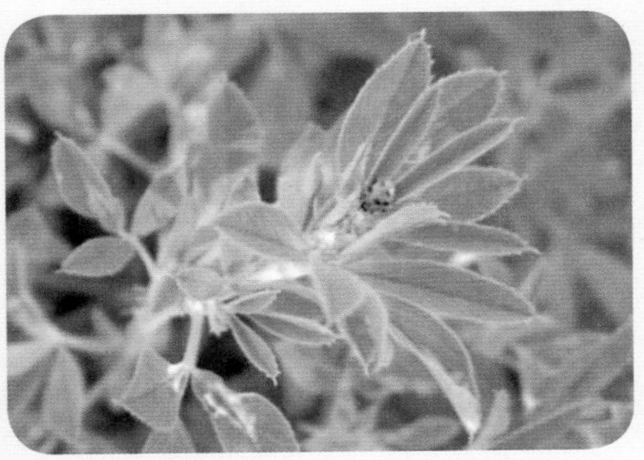

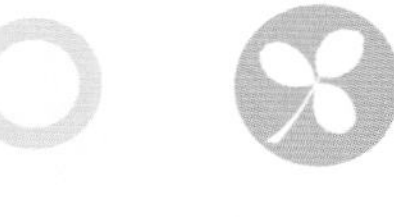

● 草地螟

症状：内蒙古地区一般在5月下旬至6月下旬见草地螟活动在处于初花期的苜蓿草地中。7月上旬为幼虫暴发时间，3龄前采食苜蓿叶肉，3龄后啃食茎叶成缺刻仅残留叶脉，危害严重时，在短短几天内即可将苜蓿叶片啃食光，使草地呈现出灰白色，牧草严重减产。

防治：首先，及时收割第一茬牧草，内蒙古等北方农牧交错区，到6月下旬正好是苜蓿收割第一茬牧草的时间，所以应在此时将苜蓿割倒调制干草或进行青贮，使草地螟虫卵不能孵化；其次，及时清除田间、地头及水渠边的杂草，清除其产卵场所；最后，秋季趟耘培土，破坏草地螟蛹的越冬场所。必要时，可在成虫期进行一次防治。

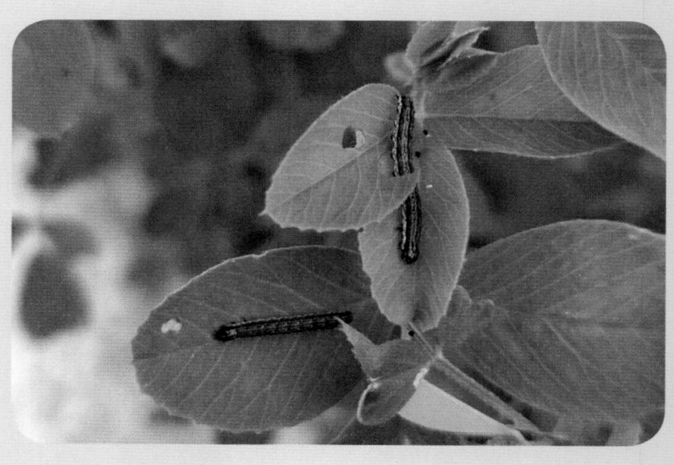

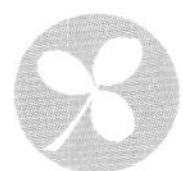

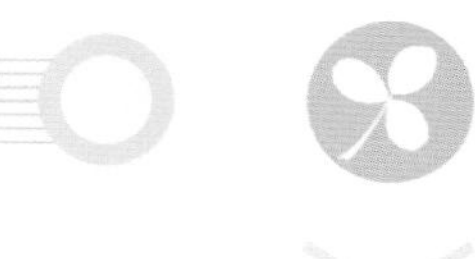

- 苜蓿夜蛾

症状：幼虫在苜蓿返青时危害苜蓿幼嫩的茎叶，白天3～7条群聚隐藏在苜蓿根部1厘米深度以下的土壤中，晚上8～9点出土活动取食，到凌晨4～5点停止活动进入土壤中。可连续发生2～3年，一般在第2年发生严重，可漫延整个苜蓿地。

防治：一般采用药液进行喷雾灭虫，但要注意在其活动时进行。

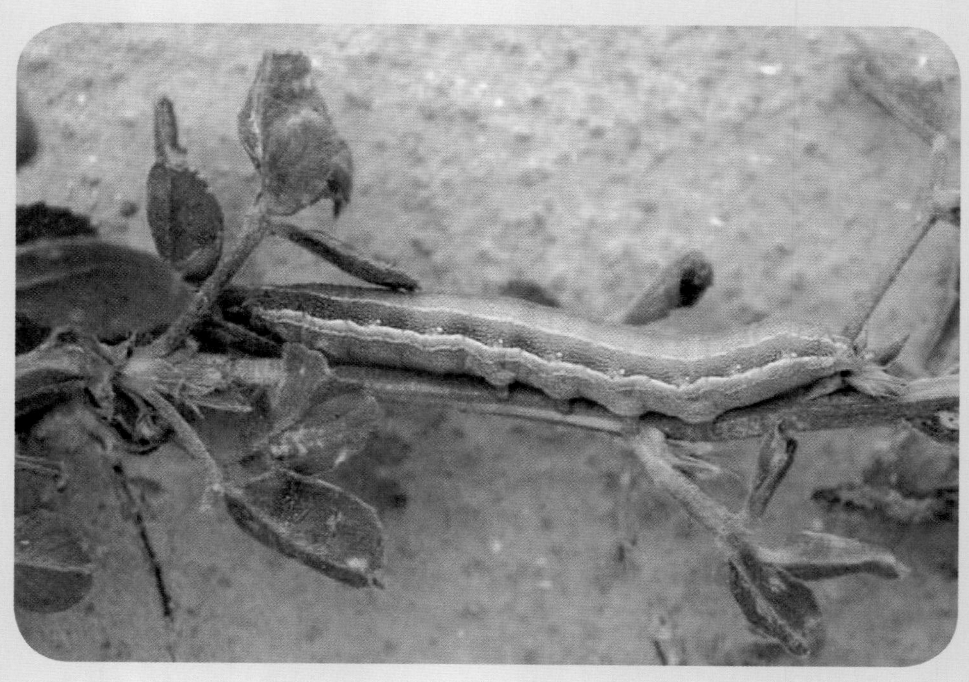

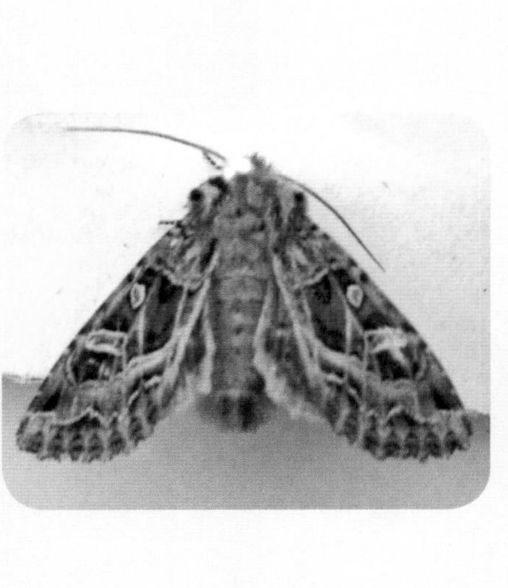

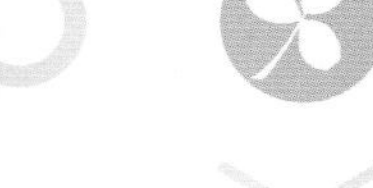

- 芫菁类

症状：主要是成虫在苜蓿开花时危害苜蓿的花序，使苜蓿开花受阻，不能结实。一般在内蒙古等农牧交错地带发生较严重的种类主要是中华豆芫菁，成虫群居活动，成片状分布，啃食苜蓿的花及花序，受惊吓时飞走，多数情况下不会造成严重的危害。

防治：可进行药物防治或人工驱赶，由于其幼虫是蝗虫的天敌，所以在防治时应根据当地的具体情况确定防治措施，在蝗虫多发区一般不进行防治。

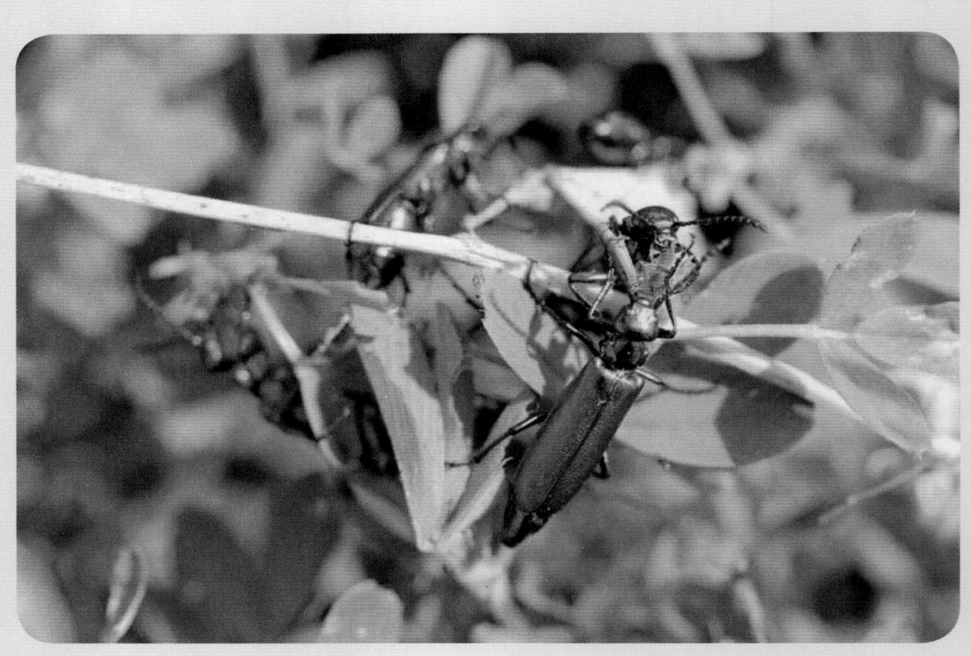

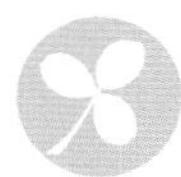

[illegible]

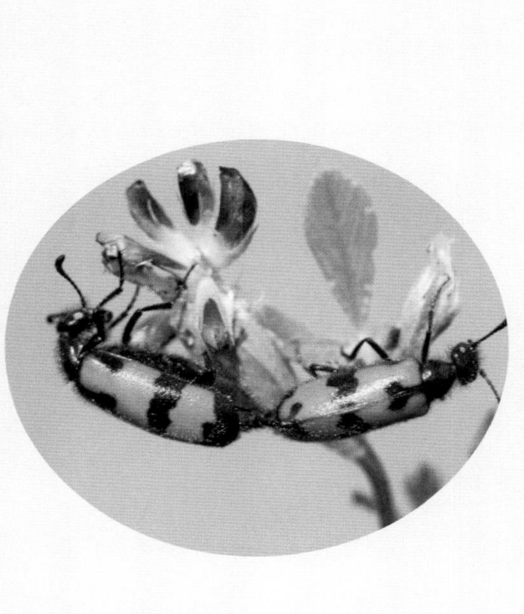

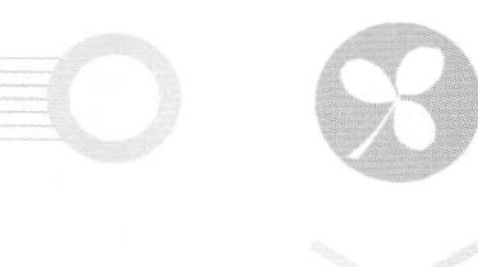

● 蚜虫类

症状：蚜虫多聚集在苜蓿的嫩茎、叶、幼芽和花上，以刺吸口器吸取汁液，被害苜蓿植株叶片萎缩，花蕾或花变黄脱落。苜蓿的生长发育受到影响，危害较重的苜蓿不能开花结实，植株枯死，影响牧草产量。

防治：主要是早春耕耘趟地，冬季灌水可杀死蚜虫；苜蓿与禾本科牧草混播、与农作物倒茬轮作、加强田间管理等均能有效预防蚜虫的发生。由于蚜虫的天敌种类及数量较多，对蚜虫的控制作用较强，一般不会发生较为严重的危害，因此在进行蚜虫的防治时一般不采用农药进行防治。

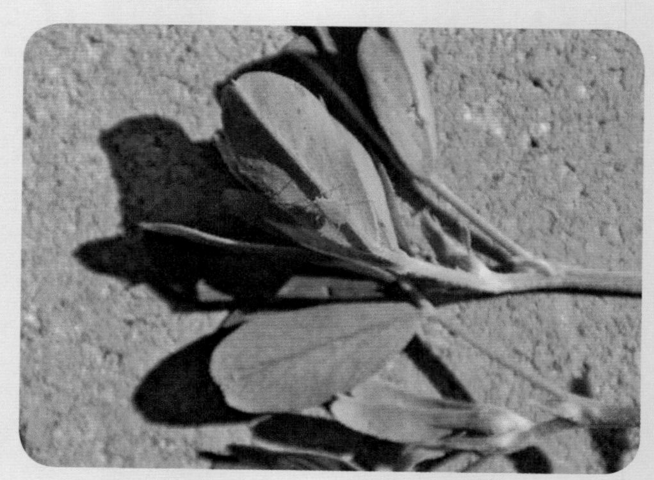

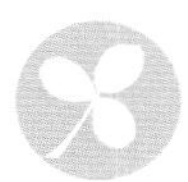

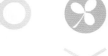

● 蓟马类

症状：主要危害苜蓿的幼嫩组织，如幼叶、花器及嫩芽等，主要在苜蓿开花期发生数量较多。被害叶片卷曲、皱缩、枯死，生长点被害后发黄凋萎，顶芽不再继续生长，影响青草产量和质量。蓟马吸食花器，伤害柱头，使花脱落，荚果受害后形成瘪荚脱落，苜蓿种子产量受到严重影响。

防治：蓟马可使用乐果乳油、菊杀乳油、菊马乳油和杀螟松乳油多次进行喷雾，杀灭效果较好。

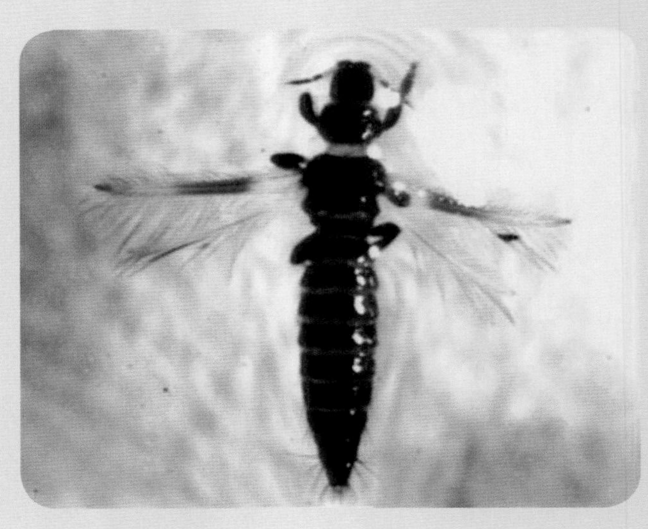

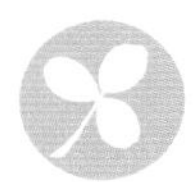

ᠬᠡᠷᠡᠭᠯᠡᠨᠡ ᠃

ᠰᠦᠨ ᠲᠣᠰᠤ (菊马乳油)᠂ ᠡᠮ ᠮᠡᠲᠦ ᠬᠣᠷᠣ ᠰᠦᠨ ᠲᠣᠰᠤ (杀螟松乳油) ᠮᠡᠲᠦ ᠡᠮ ᠦᠨ ᠤᠰᠤᠯᠠᠯ ᠭᠠᠷᠭᠠᠯᠲᠠ ᠬᠡᠮᠵᠢᠶ᠎ᠡ᠄ ᠬᠣᠷᠣ ᠰᠦᠨ ᠲᠣᠰᠤ (乐果乳油)᠂ ᠮᠡᠲᠦ ᠡᠮ ᠰᠦᠨ ᠲᠣᠰᠤ (菊杀乳油)᠂ ᠮᠡᠲᠦ ᠡᠮ ᠢᠶᠡᠷ ᠦᠷᠬᠦᠯᠵᠢᠯᠡᠨ ᠬᠡᠷᠡᠭᠯᠡᠬᠦ ᠶᠢ ᠰᠠᠨᠠᠭᠤᠯᠤᠨ ᠬᠡᠷᠡᠭᠯᠡᠭᠦᠯᠦᠯ ᠪᠠᠷ ᠮᠡᠳᠡᠭᠦᠯᠦᠨ ᠬᠤᠷᠢᠶᠠᠬᠤ ᠬᠢᠨᠠᠯᠲᠠ ᠶᠢ ᠬᠠᠮᠢᠶᠠᠷᠤᠯᠤᠨ ᠡᠮ ᠦᠨ ᠬᠡᠮᠵᠢᠶ᠎ᠡ ᠶᠢ ᠬᠠᠮᠢᠶᠠᠷᠤᠨ ᠮᠡᠳᠡᠨ᠎ᠡ ᠃ ᠡᠮ ᠦᠨ ᠪᠤᠳᠠᠰ ᠤᠨ ᠰᠢᠩᠭᠡᠨ ᠢ ᠬᠡᠷᠡᠭᠯᠡᠬᠦ ᠳᠦ ᠬᠡᠮᠵᠢᠶ᠎ᠡ ᠶᠢ ᠬᠠᠷᠭᠤᠯᠵᠠᠭᠤᠯᠤᠨ ᠬᠡᠷᠡᠭᠯᠡᠨᠡ ᠃ ᠡᠮ ᠦᠨ ᠪᠤᠳᠠᠰ ᠢ ᠬᠡᠷᠡᠭᠯᠡᠭᠰᠡᠨ ᠦ ᠳᠠᠷᠠᠭ᠎ᠠ ᠤᠰᠤᠯᠠᠬᠤ ᠮᠡᠳᠡᠬᠦ ᠪᠡᠨ ᠬᠣᠶᠠᠷ᠂ ᠭᠤᠷᠪᠠ ᠬᠣᠨᠤᠭ ᠤᠨ ᠳᠠᠷᠠᠭ᠎ᠠ ᠬᠢᠨᠠᠨ ᠦᠵᠡᠨ᠎ᠡ ᠃

● ᠬᠣᠶᠠᠷ᠂ ᠪᠤᠯᠭᠣᠷᠠᠯ ᠤᠨ ᠠᠷᠭ᠎ᠠ

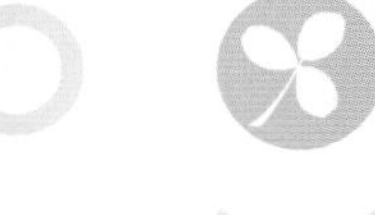

● 苜蓿籽蜂类

症状：苜蓿籽蜂只对种子产生危害，对草的产量没有太大的影响。成虫将卵产于幼嫩荚果内种子的子叶和胚中，在种子中孵化，幼虫在种子中发育。对种子危害严重，受害种子的种子皮多为黄褐色，多皱。幼虫羽化，会在种子皮上留下小孔。

防治：苜蓿籽蜂的幼虫和蛹可随种子的调运而传播，所以必须进行防治。首先，播种前用开水烫种子半分钟或以50℃热水浸种半小时，可杀死种子内幼虫，效果较好；其次，同一块地不要两年连续做种子田，收种子和收草交替进行；最后，种子入库后可用二硫化碳和溴甲烷熏蒸。

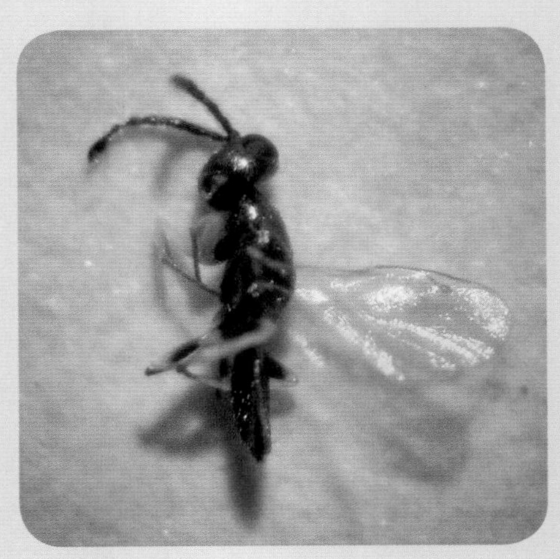

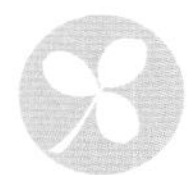

[illegible]

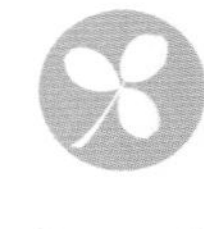

● 盲蝽类

症状：成虫和幼虫均以刺吸式口器吸食苜蓿嫩茎叶、花蕾和子房，造成种子瘪小，受害植株变黄，花脱落，严重影响牧草和种子的产量。苜蓿盲蝽以卵在苜蓿茬的茎内越冬，牧草盲蝽以成虫在苜蓿等作物的根部、枯枝落叶和田边杂草中越冬。

防治：在苜蓿孕蕾期或初花期刈割，齐地面刈割留茬，可以减少幼虫的羽化数量，割去茎中卵，减少田间虫口数量；在幼虫期可进行药物防治，用乐果乳油、马拉硫磷、敌百虫等喷雾防治。

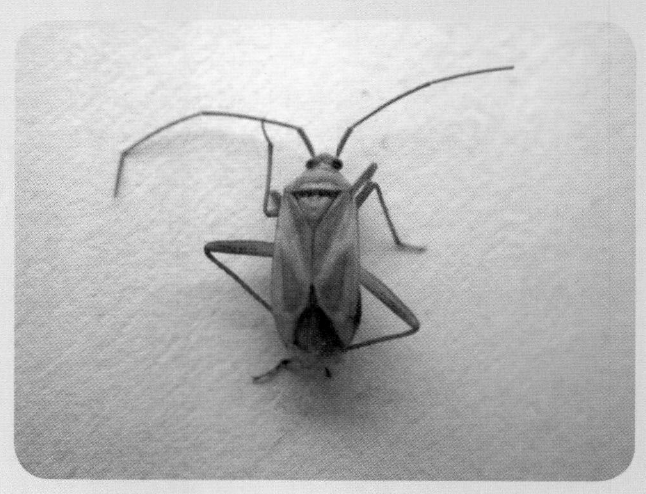

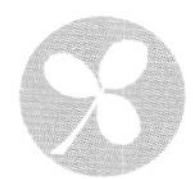

• ᠬᠣᠣᠷ ᠪᠣᠳᠠᠰ ᠢᠶᠠᠷ ᠬᠣᠷᠢᠭᠯᠠᠬᠤ
ᠰᠠᠭᠠᠳᠠᠯ᠄ ᠪᠣᠯᠪᠠᠰᠤᠷᠠᠯ ᠬᠣᠣᠷᠠᠯ ᠪᠠᠷ ᠪᠡᠯᠡᠳᠬᠡᠭᠰᠡᠨ ᠡᠮ ᠢ ᠬᠡᠷᠡᠭᠯᠡᠨ᠎ᠡ᠃ ᠬᠣᠣᠷ ᠪᠣᠳᠠᠰ ᠤᠨ ᠬᠣᠷᠣᠭᠯᠠᠯ ᠤᠨ ᠬᠡᠮᠵᠢᠶ᠎ᠡ ᠶᠢ ᠬᠠᠷᠢᠭᠤᠴᠠᠨ᠎ᠠ᠂ ᠲᠡᠷᠡ ᠪᠣᠯ ᠰᠢᠯᠵᠢᠬᠦ ᠶᠢᠨ ᠰᠢᠯᠵᠢᠯᠲᠡ᠂ ᠬᠣᠣᠷᠠᠯ ᠤᠨ ᠬᠡᠮᠵᠢᠶ᠎ᠡ ᠶᠢ ᠬᠡᠷᠡᠭᠯᠡᠨ᠎ᠡ᠃ ᠪᠣᠯᠤᠮᠵᠢᠲᠠᠢ ᠬᠣᠣᠷᠠᠯ ᠲᠠᠢ ᠰᠢᠯᠵᠢᠬᠦ ᠶᠢᠨ ᠡᠮ ᠢ ᠬᠡᠷᠡᠭᠯᠡᠨ᠎ᠡ᠃

ᠬᠡᠷᠡᠭᠯᠡᠬᠦ ᠳᠤ᠄ ᠰᠢᠯᠵᠢᠬᠦ ᠶᠢᠨ ᠬᠣᠣᠷᠠᠯ ᠤᠨ ᠪᠣᠯᠤᠮᠵᠢ ᠶᠢ ᠬᠡᠷᠡᠭᠯᠡᠨ ᠬᠣᠣᠷᠠᠯ ᠤᠨ ᠪᠣᠳᠠᠰ ᠪᠣᠯᠤᠨ᠎ᠠ᠃ ᠡᠮ ᠦᠨ ᠪᠣᠳᠠᠰ ᠤᠨ ᠬᠣᠣᠷᠠᠯ ᠢ ᠪᠠᠭᠤᠷᠠᠭᠤᠯᠬᠤ ᠶᠢᠨ ᠲᠥᠯᠥᠭᠡ ᠳᠦ ᠳ᠋ᠢ ᠪᠠᠢ ᠴᠦᠩ (敌百虫)、ᠮᠠ ᠯᠠ ᠯᠢᠤ ᠯᠢᠨ (马拉硫磷) ᠪᠠ ᠯᠧ ᠭᠦᠸᠧ ᠵᠢᠦ (乐果乳油)、ᠡᠮ ᠦᠨ ᠬᠡᠮᠵᠢᠶ᠎ᠡ ᠶᠢ ᠬᠡᠷᠡᠭᠯᠡᠬᠦ ᠳᠤ ᠪᠣᠯᠤᠨ᠎ᠠ᠃

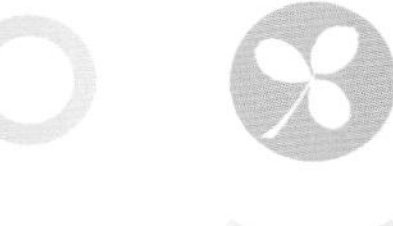

● 金龟子类

症状：金龟子是一类分布广泛的地下害虫，有大黑鳃金龟子、黄褐丽金龟子、黑线鳃金龟子等。主要是在幼虫期对苜蓿产生危害。幼虫也称蛴螬，在地下啃食苜蓿的根，也取食萌发的种子。成虫取食苜蓿的茎叶。

防治：在金龟子发生较严重地区，苜蓿种植2～3年后倒茬，可减少蛴螬发生量。

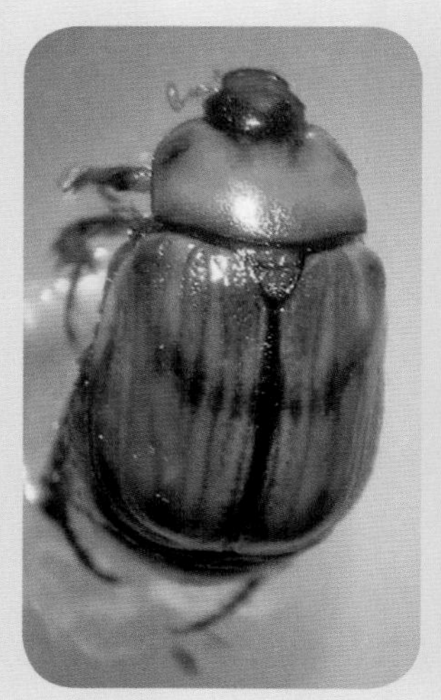

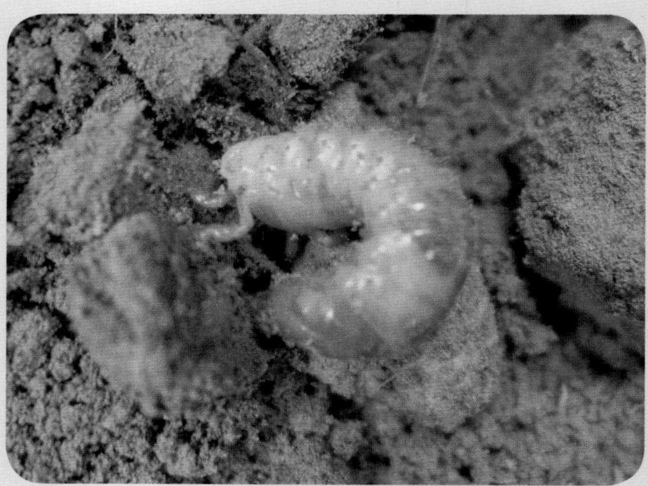

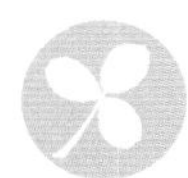

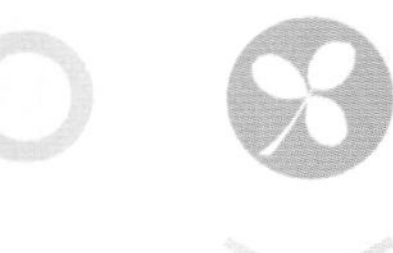

● 苜蓿叶象甲

症状：成虫和幼虫均可对苜蓿产生危害。幼虫的危害较严重，常常在几天之内将苜蓿的叶子吃光，导致植株枯萎和牧草产量减少。

防治：可提早刈割以减少危害；在成虫期用敌百虫和马拉硫磷喷雾防治。

● 叶蝉类

症状：以成虫和幼虫群集在苜蓿的叶背面和嫩茎上，刺吸其汁液，使苜蓿发育不良，甚至全部枯死。

防治：在若虫期施乐果乳油、叶蝉散乳油和敌百虫等进行防治。

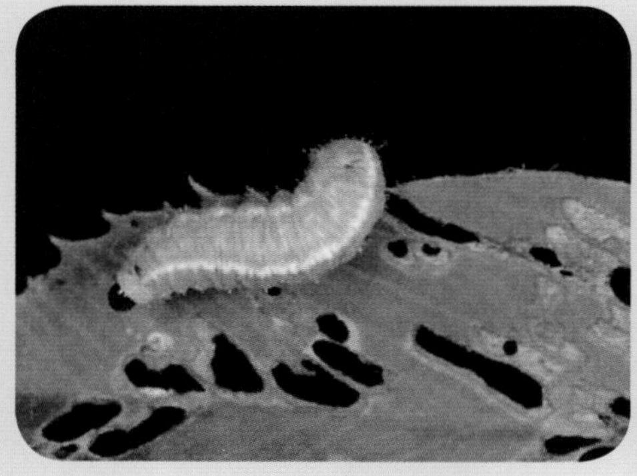

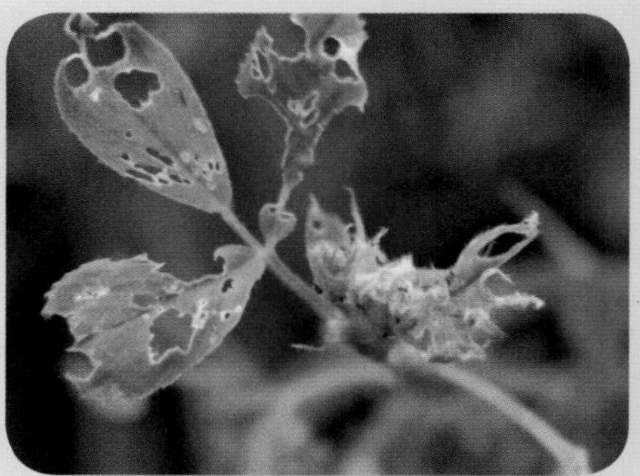

● ᠡᠮᠴᠢᠯᠡᠬᠦ ᠠᠷᠭ᠎ᠠ

ᠯ ᠪᠣᠯᠤᠨ᠎ᠠ᠄ ᠪᠣᠷᠣᠭᠣᠷ ᠬᠣᠣᠷᠠᠢ ᠪᠠᠷ ᠠᠷᠢᠯᠭᠠᠬᠤ ᠳᠤ ᠪᠤᠯᠬᠤ ᠬᠣᠣᠷᠠᠢ ᠶᠢ ᠪᠣᠯᠭᠠᠨ᠎ᠠ᠂ ᠡᠮ ᠢ

ᠰᠡᠷᠭᠡᠢᠯᠡᠬᠦ ᠶᠢᠨ ᠲᠤᠯᠠᠳ ᠬᠣᠣᠷᠠᠢ ᠶᠢᠨ ᠳᠠᠭᠤᠰᠬᠠᠨ ᠬᠡᠷᠡᠭᠯᠡᠨ᠎ᠡ᠃

ᠪᠣᠷᠣᠭᠣ ᠬᠣᠣᠷᠠᠭᠯᠠᠭᠴᠢ ᠳᠢ ᠪᠠᠢ ᠴᠦᠩ (敌百虫) ᠪᠣᠯᠤᠨ ᠮᠠ ᠯᠠ ᠯᠢᠦ ᠯᠢᠨ (马拉硫磷) ᠢ ᠬᠡᠷᠡᠭᠯᠡᠵᠦ

ᠮᠡᠳᠡᠯ ᠡᠮᠬᠦ᠄ ᠮᠡᠳᠡᠭᠡᠯ ᠬᠣᠣᠷᠠᠭᠯᠠᠬᠤ ᠪᠣᠯᠤᠨ᠎ᠠ᠃ ᠡᠮᠴᠢᠯᠡᠬᠦ ᠶᠢ

ᠮᠡᠳᠡᠯ ᠡᠮ ᠪᠣᠯᠤᠨ᠎ᠠ᠃

● ᠮᠡᠷᠭᠡ ᠤᠭᠰᠠᠷᠠ ᠨᠢ ᠤᠭᠤᠯ

ᠮᠡᠳᠡᠯ᠄ ᠪᠤᠷᠰᠢᠭᠠᠯ ᠭᠠᠵᠠᠷ ᠮᠡᠳᠡᠭᠡᠯ ᠴᠢ ᠮᠡᠳᠡᠭᠡᠯ ᠢ ᠬᠡᠮᠵᠢᠶ᠎ᠡ ᠪᠠᠢᠳᠠᠯ ᠢ ᠪᠣᠯᠤᠨ ᠤᠭᠤᠯ ᠪᠣᠯᠤᠨ᠎ᠠ

ᠬᠡᠷᠡᠭᠯᠡᠨ ᠲᠡᠭᠦᠨ ᠡᠮᠴᠢᠯᠡᠬᠦ ᠬᠣᠣᠷᠠᠭᠯᠠᠬᠤ ᠲᠠᠷᠢᠶ᠎ᠠ ᠶᠢᠨ ᠬᠣᠣᠷᠠᠢ ᠡᠮ ᠢ ᠬᠡᠷᠡᠭᠯᠡᠨ᠎ᠡ᠃

ᠪᠣᠯᠤᠨ ᠬᠡᠷᠡᠭᠯᠡᠬᠦ ᠲᠤᠯᠠᠳ ᠬᠣᠣᠷᠠᠢ ᠶᠢᠨ ᠡᠮ ᠢ ᠬᠣᠣᠷᠠᠭᠯᠠᠭᠴᠢ ᠡᠮ ᠪᠣᠯᠤᠨ ᠯᠧ ᠭᠤᠸᠧ ᠵᠦ ᠶᠤ

ᠮᠢᠨ (乐果乳油)、ᠳᠢ ᠪᠠᠢ ᠴᠦᠩ (敌百虫) ᠬᠣᠣᠷᠠᠭᠯᠠᠭᠴᠢ ᠶᠢ ᠬᠡᠷᠡᠭᠯᠡᠬᠦ ᠪᠣᠯᠤᠨ᠎ᠠ᠃

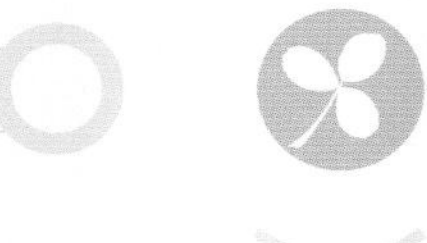

苜蓿虫害防治：危害苜蓿的害虫种类较多，发生时对苜蓿或多或少地造成不同程度的危害，防治不及时，就会影响苜蓿的生长发育，造成牧草减产，降低草产品质量。因此，苜蓿虫害的防治是一项比较重要的工作。

苜蓿虫害与防治药剂

虫害名称	试剂名称	倍　液
蓟马	4.5%高效氯氰菊酯	1 000
	10%吡虫林	1 000
	25%阿克泰	7 500
	3%啶虫脒（莫比郎）	2 000 ～ 2 500
蚜虫	10%吡虫林	2 000
	25%阿克泰	7 500
	4.5%高效氯氰菊酯	1 500
	50%抗蚜威（辟蚜雾）	2 500 ～ 3 000
夜蛾	苏云金杆菌	500 ～ 1 000
	棉铃虫核型多角体病毒	500 ～ 1 000
	24%米满	1 200 ～ 2 400
	1.8%爱福丁（阿维菌素）	2 000 ～ 25 000
	25%灭幼脲悬浮剂	1 000
	4.5%高效氯氰菊酯+40%辛硫磷（倍腈松）	750毫升试剂+750毫升试剂／600毫升水

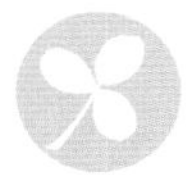

[illegible]	[illegible]	[illegible]
[illegible]	4.5% [illegible]	1 000
	10% [illegible]	1 000
	25% [illegible]	7 500
	3% [illegible] ([illegible])	2 000 ~ 2 500
[illegible]	10% [illegible]	2 000
	25% [illegible]	7 500
	4.5% [illegible]	1 500
	50% [illegible] ([illegible])	2 500 ~ 3 000
[illegible]	[illegible]	500 ~ 1 000
	[illegible]	500 ~ 1 000
	24% [illegible]	1 200 ~ 2 400
	1.8% [illegible] ([illegible])	2 000 ~ 25 000
	25% [illegible]	1 000
	4.5% [illegible] +40% [illegible] ([illegible])	750ml [illegible] + 750ml [illegible]/600ml [illegible]

[illegible]

[illegible]

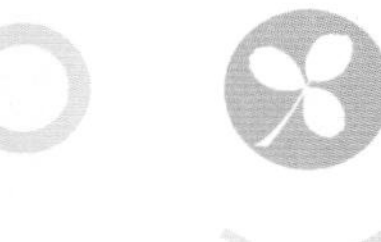

（4）冻害防御

由于低温而引起的苜蓿冻害使我国苜蓿生产蒙受了巨大的损失。冻害主要发生在冬季或春季。冬季主要是气候干旱、寒冷、无雪覆盖，受冻的苜蓿在春季返青萌发时，根部的受冻部分变黄，甚至全部变黑、腐烂，苜蓿不能再度返青。春季冻害主要是“倒春寒”。

● 施种肥促进个体发育：施用种肥能明显提高苜蓿的越冬率，随着种肥量的增加越冬率也相应提高。

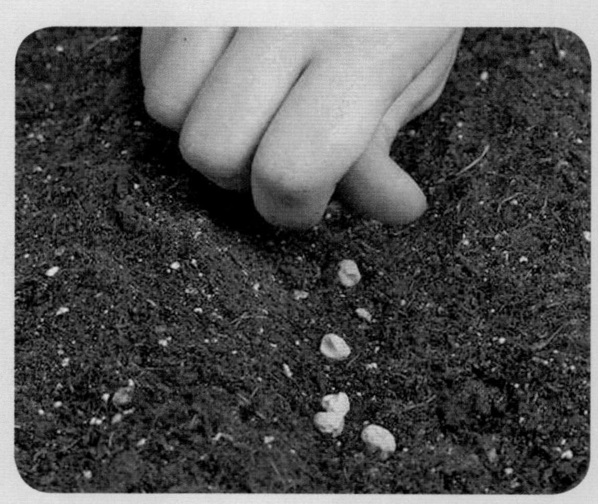

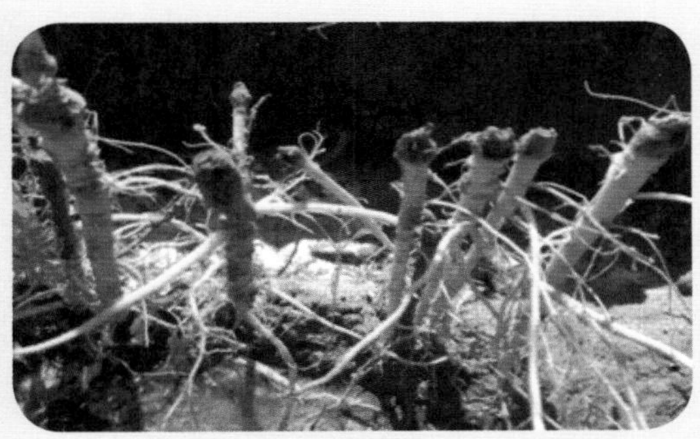

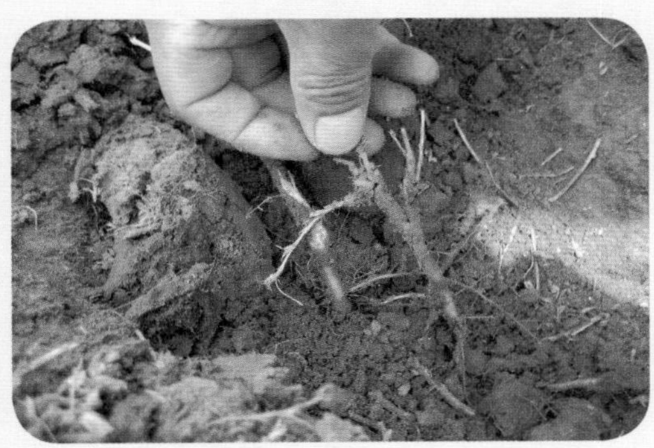

(4)

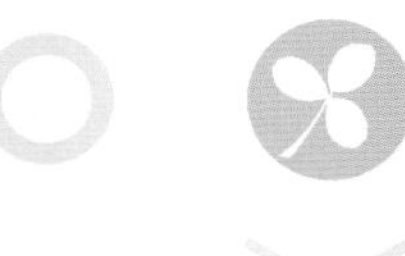

● 最后一次刈割的时间：最后一次刈割的时间对苜蓿的越冬率也有一定的影响，刈割过晚，苜蓿生长消耗根部营养物质，苜蓿生长停止前，不能及时有效补充根部的营养物质，容易造成苜蓿不能很好越冬。建议下霜一个月前停止刈割。

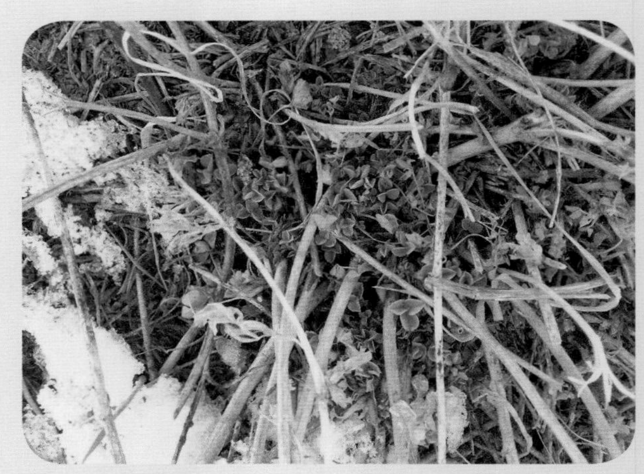

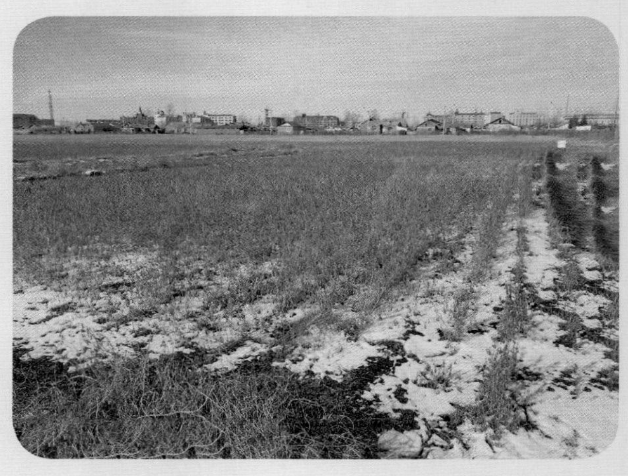

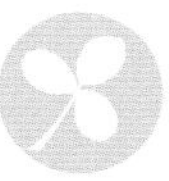

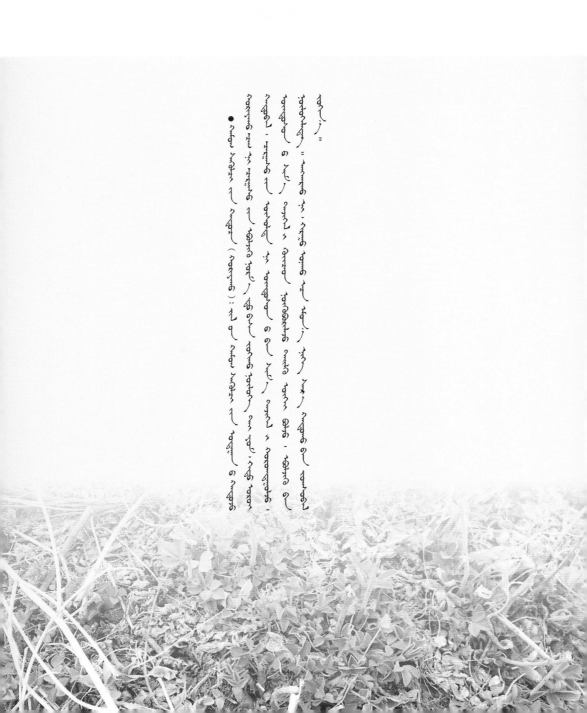

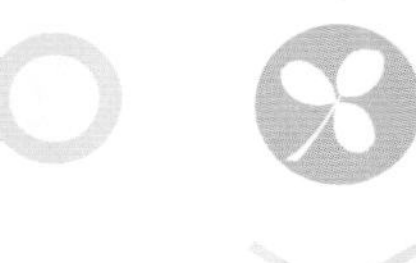

● 秋季趟耘培土：大多数旱地种植的苜蓿没有灌溉条件，可采取培土的方法进行冬季保护。

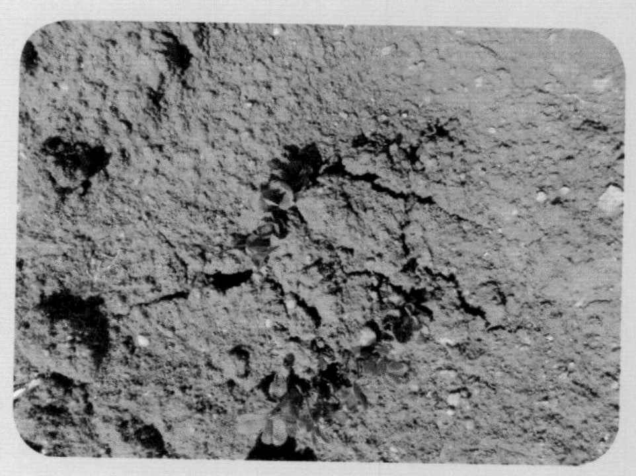

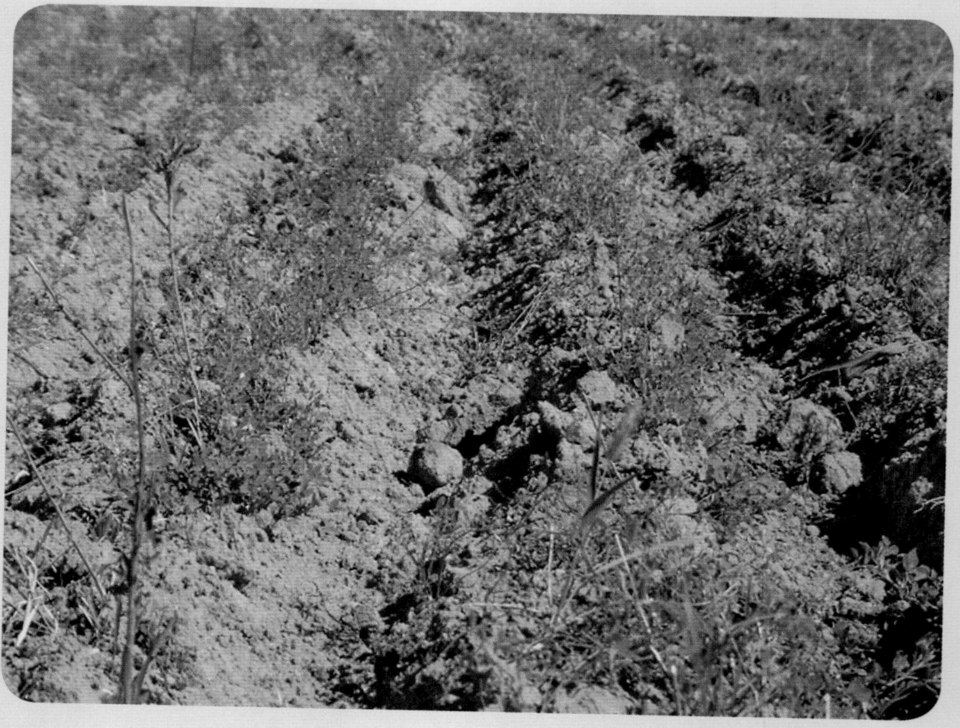

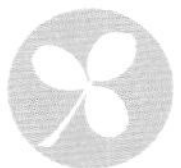

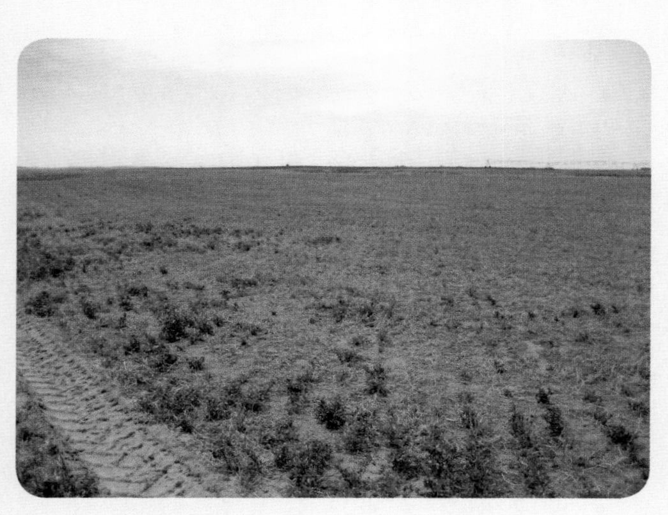

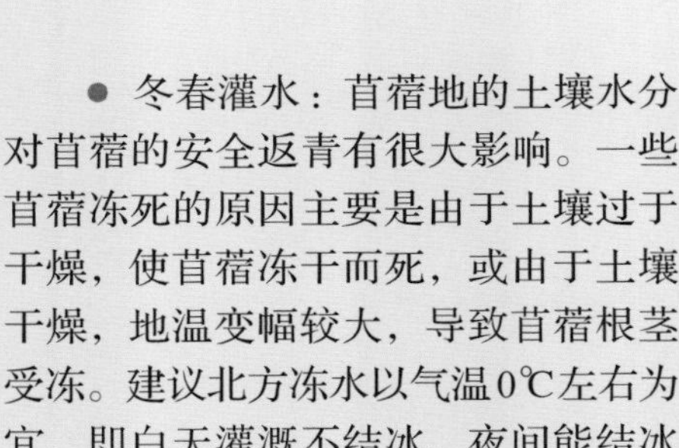

● 冬春灌水：苜蓿地的土壤水分对苜蓿的安全返青有很大影响。一些苜蓿冻死的原因主要是由于土壤过于干燥，使苜蓿冻干而死，或由于土壤干燥，地温变幅较大，导致苜蓿根茎受冻。建议北方冻水以气温0℃左右为宜，即白天灌溉不结冰，夜间能结冰为宜。

在北方寒冷干旱的区域，品种的选择是决定苜蓿种植成功与否的关键因素。

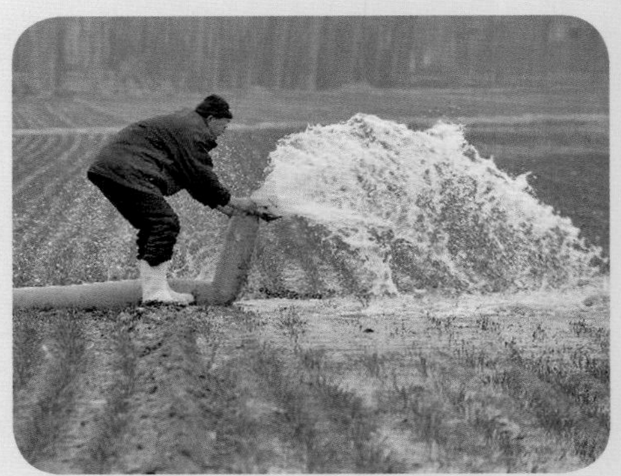

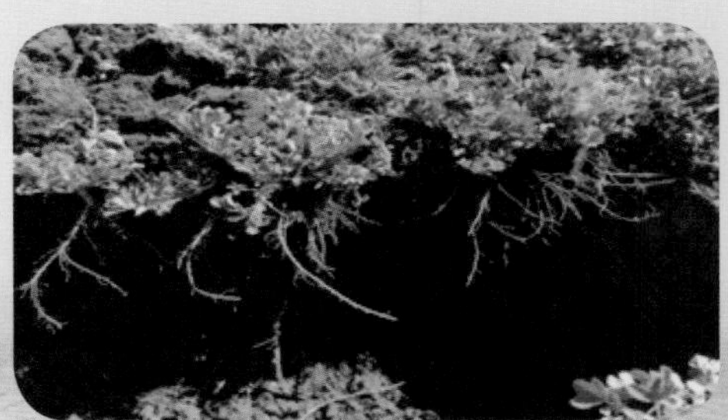

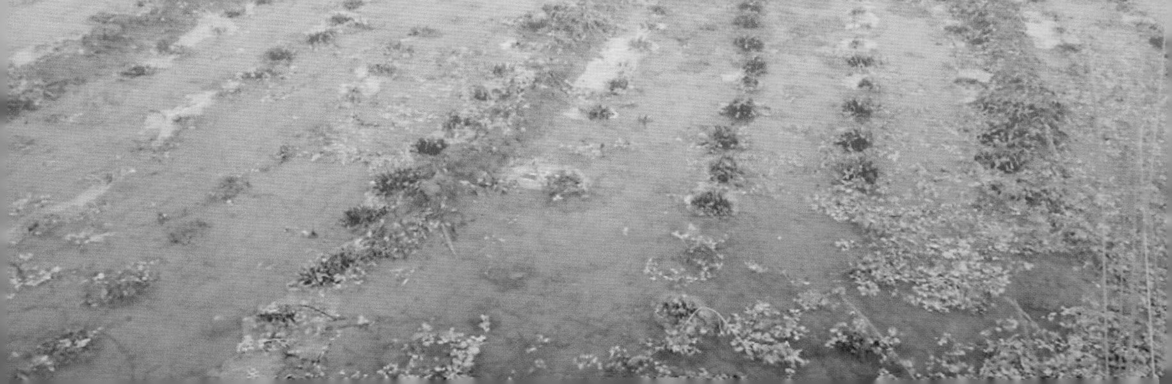

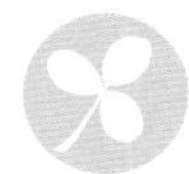

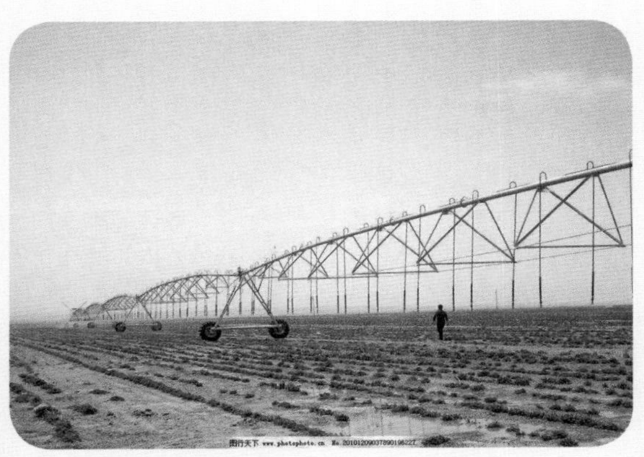

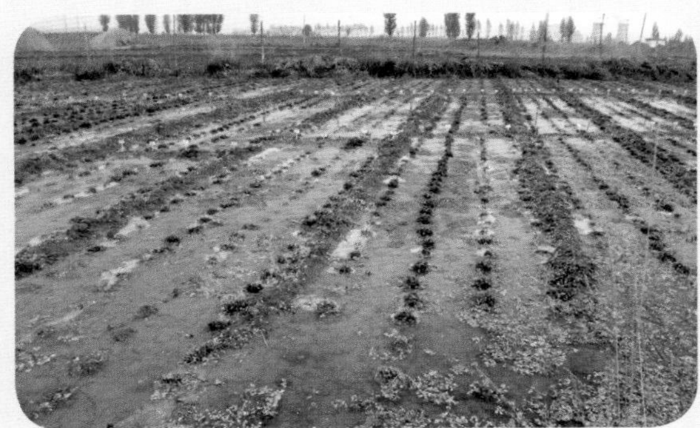

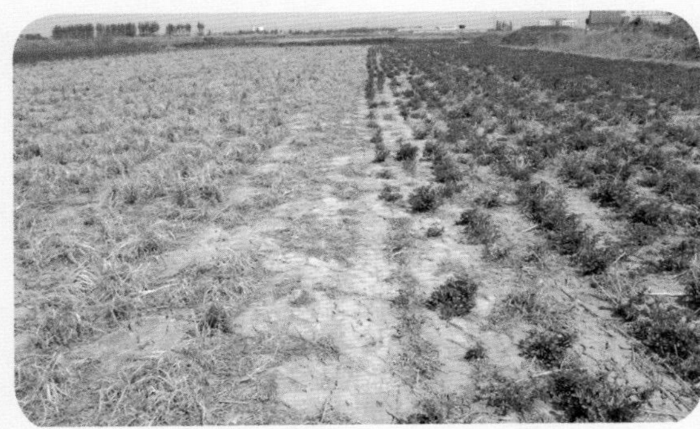

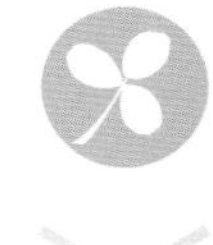

倒春寒也与苜蓿安全越冬直接相关。突然的寒流袭击，使处于萌动状态的苜蓿受冻，寒流过后气温又急剧升高到十几摄氏度，造成根颈外表出现出水现象，皮层与木质部分离，用手一拔皮层容易脱落。

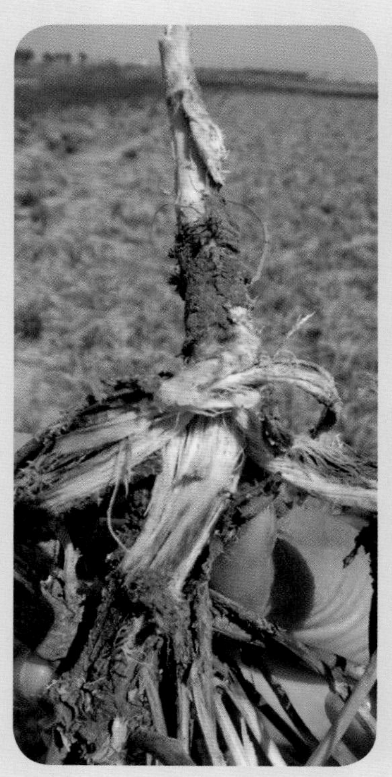

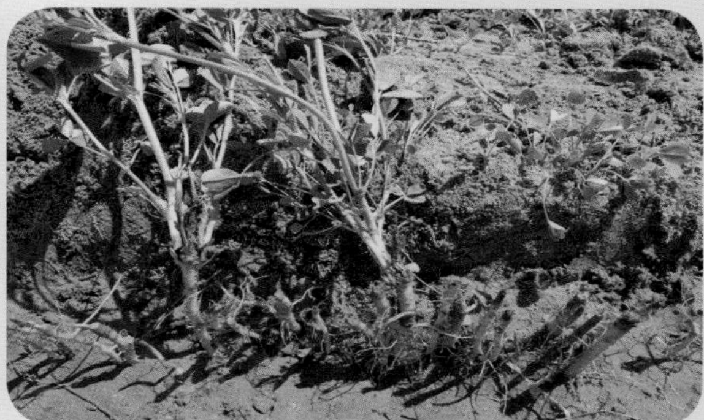

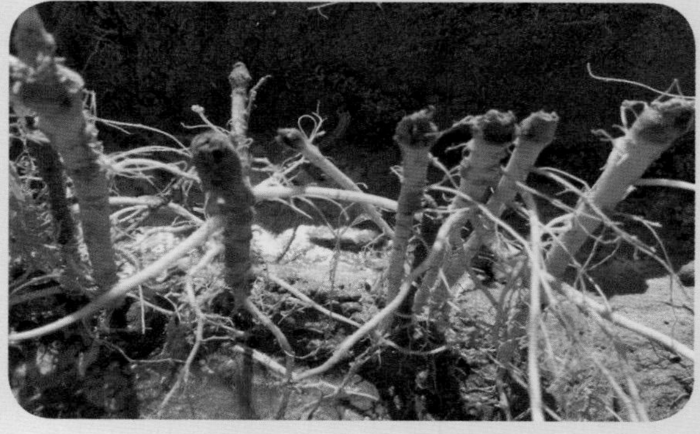

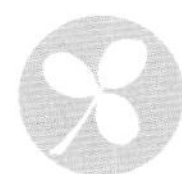

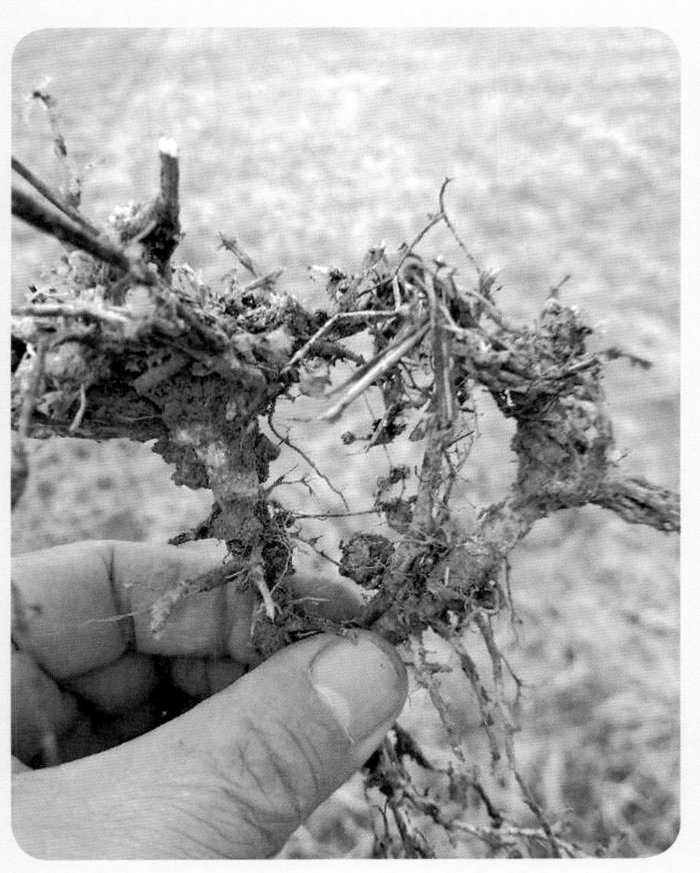

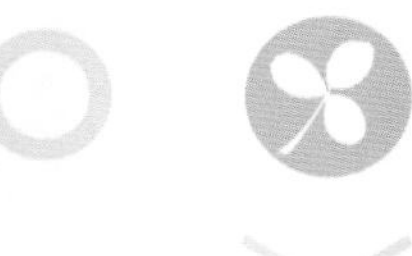

7. 收获

（1）刈割时间

刈割时间对苜蓿的产量和质量有较大的影响。主要根据苜蓿各生育期的粗蛋白质等营养物质的含量和牧草的产量来确定最佳收割时间。第一茬的产草量对全年的产草量起着决定性的作用。

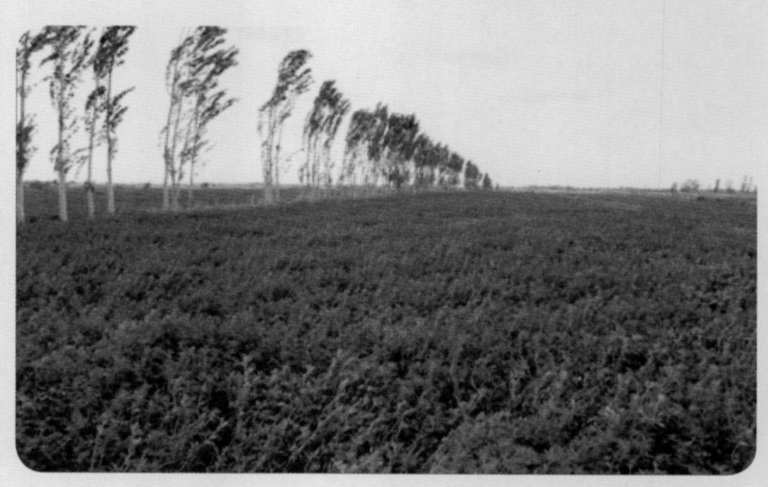

7. ᠬᠠᠳᠤᠯᠠᠬᠤ

(1) ᠬᠠᠳᠤᠯᠬᠤ ᠬᠤᠭᠤᠴᠠᠭ᠎ᠠ

ᠬᠠᠳᠤᠯᠬᠤ ᠬᠤᠭᠤᠴᠠᠭ᠎ᠠ ᠨᠢ ᠲᠡᠵᠢᠭᠡᠯ ᠦᠨ ᠴᠢᠨᠠᠷ ᠪᠠ ᠲᠡᠵᠢᠭᠡᠯ ᠦᠨ ᠦᠨᠳᠦᠷ ᠦᠷᠡ ᠠᠰᠢᠭ ᠲᠤ ᠨᠦᠯᠦᠭᠡᠯᠡᠨ᠎ᠡ ᠃ ᠬᠠᠳᠤᠯᠬᠤ ᠬᠤᠭᠤᠴᠠᠭ᠎ᠠ ᠳᠤ ᠲᠤᠬᠢᠷᠠᠭᠤᠯᠤᠨ ᠬᠠᠳᠤᠯᠬᠤ ᠪᠣᠯ ᠲᠡᠵᠢᠭᠡᠯ ᠦᠨ ᠴᠢᠨᠠᠷ ᠢ ᠳᠡᠭᠡᠭᠰᠢᠯᠡᠭᠦᠯᠬᠦ ᠶᠢᠨ ᠭᠣᠣᠯ ᠠᠷᠭ᠎ᠠ ᠮᠥᠨ ᠃ ᠮᠠᠯᠵᠢᠯ ᠤᠨ ᠦᠨᠳᠦᠰᠦᠨ ᠦ ᠡᠪᠡᠰᠦ ᠪᠠ ᠨᠠᠯᠴᠢ ᠶᠢᠨ ᠬᠠᠷᠢᠴᠠᠭ᠎ᠠ ᠪᠠ ᠦᠨᠳᠦᠰᠦᠨ ᠦ ᠦᠨᠳᠦᠷ ᠦᠷᠡ ᠠᠰᠢᠭ ᠬᠤᠪᠢᠷᠠᠨ᠎ᠠ ᠃

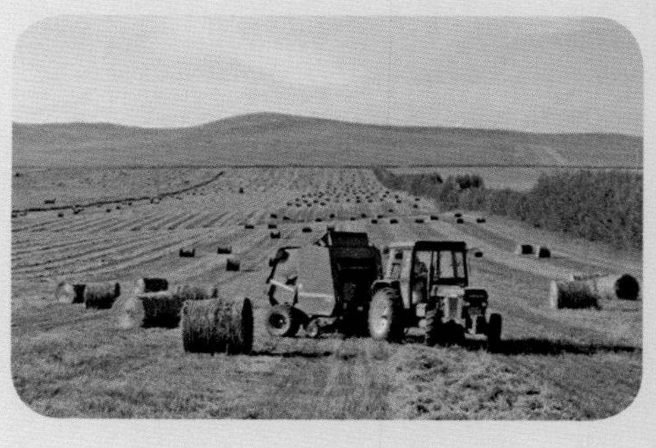

苜蓿适宜收割的时间在现蕾期至开花期，可获产量高、品质好的牧草，而且有利于再生草生长。生产实践中可根据不同的用途和收割牧草的机械化程度确定具体收割时间。第二茬草和第三茬草可根据当地的物候期和牧草生长情况，及时进行收割。最后一次刈割，应给苜蓿留下30 ～ 45天的生长时间，使根部积累足够的营养物质，为安全越冬和第二年生长做准备，具体时间在初霜前的10 ～ 15天进行。

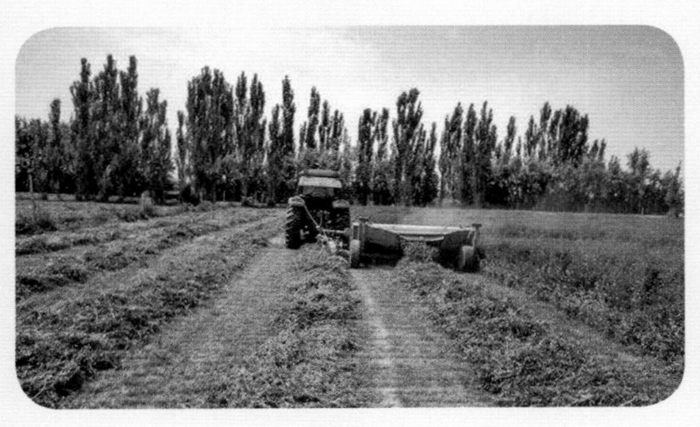

[illegible]

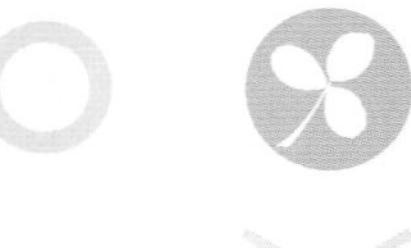

（2）留茬高度

苜蓿的留茬高度是否适当，影响苜蓿干草的产量和质量，也关系次年的再生。留茬过高，营养价值高的叶层和基层叶仍留于地面，影响干草的营养价值，同时也降低干草的收获量。留茬过低影响苜蓿收割后的再生和苜蓿地下器官营养物质的积累，从而影响以后各年的产量。

一般适宜的留茬高度为5厘米左右，最后一次收割留茬高度应在10厘米以上，有利于苜蓿安全越冬和储存降雪。机械收割的留茬高度一般控制在5～10厘米，地面不平的地方留茬则稍高些，但不可超过15厘米。

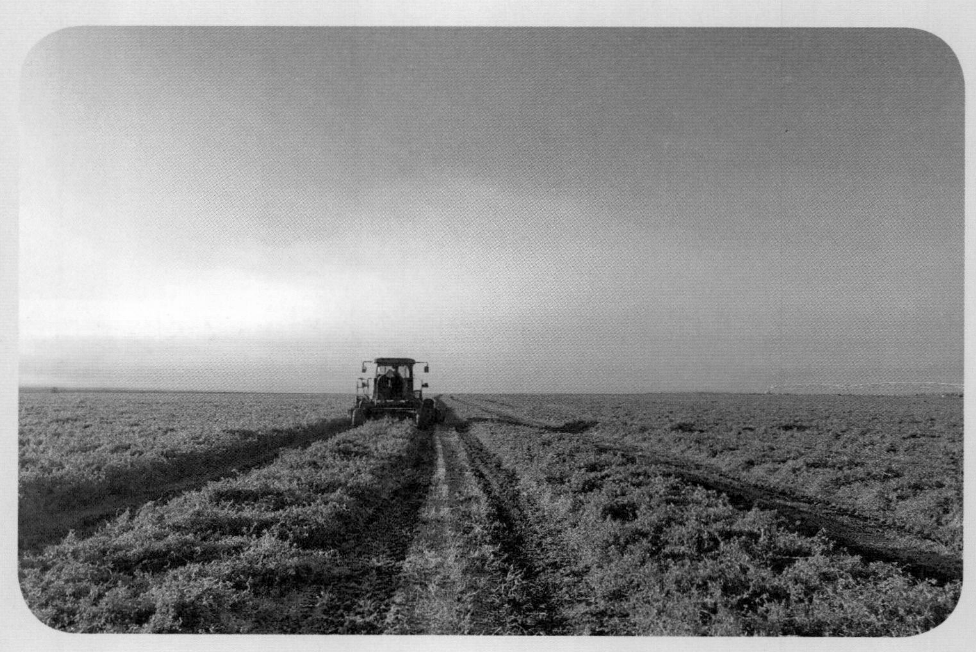

15 [illegible]

[illegible] 5~10 [illegible]

[illegible] 10 [illegible]

[illegible] 5 [illegible]

[illegible]

[illegible]

(2) [illegible]

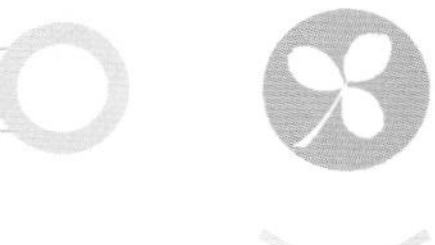

（3）刈割次数

刈割次数与种植区的气候条件、土壤条件、生长期长短、灌溉和施肥等都有关系。在我国北方农牧交错区域，基本属于一年一熟区，气候寒冷干旱，苜蓿生长季短，苜蓿在初花期收割，旱地一年可收割2次，水浇地一年可收割2～3次。在播种当年生长季内建议不收割，当生长停止后地上部分霜冻死后再收割。播种的第二年及之后，内蒙古地区一年收割2～3次；辽宁地区一年收割3～4次；吉林、甘肃等地区一年收割2～3次。陕西榆林和新疆地区一年收割2～3次。

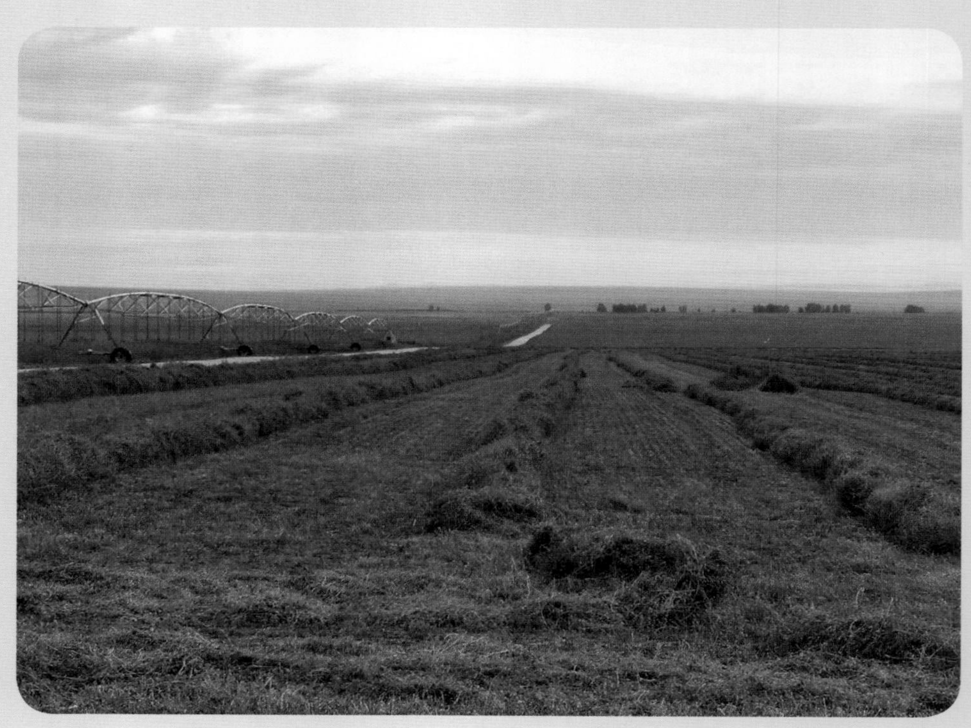

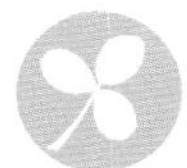

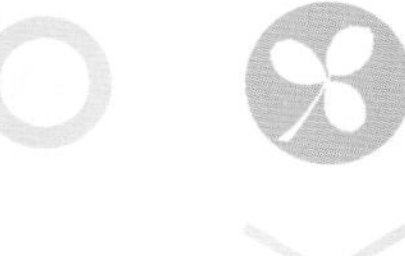

五、苜蓿加工与利用

（一）青饲

苜蓿刈割后可直接饲喂畜禽，适口性好，消化率高。与放牧一样，畜禽可采食到青绿多汁的饲草，与喂苜蓿干草、青贮相比，具有易消化吸收、增重快、提高产奶量、生物学效果好、效益高等特点。

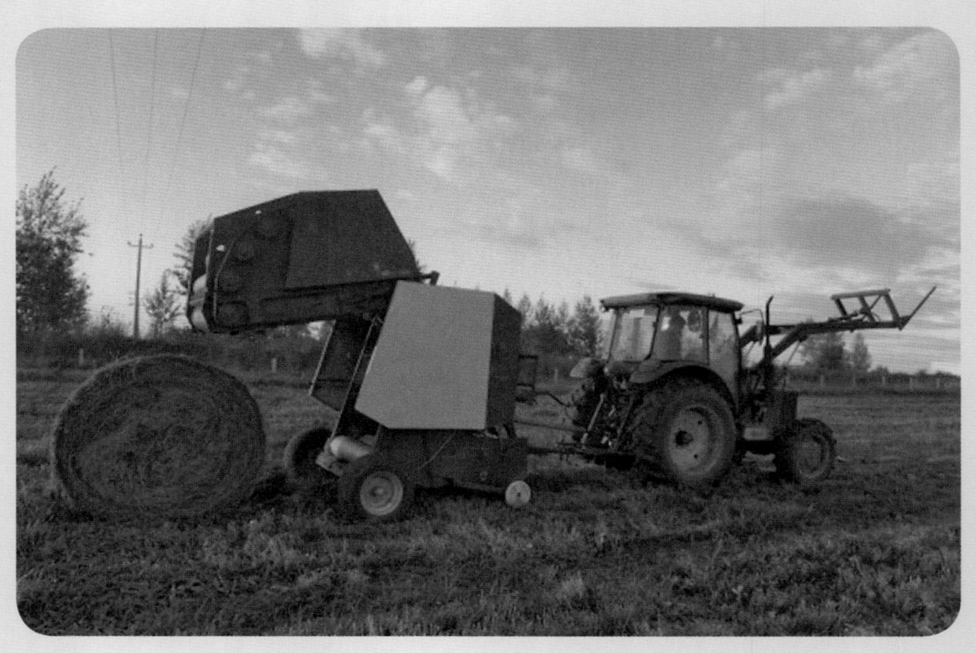

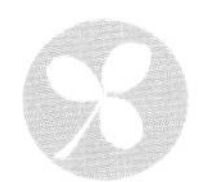

[illegible]

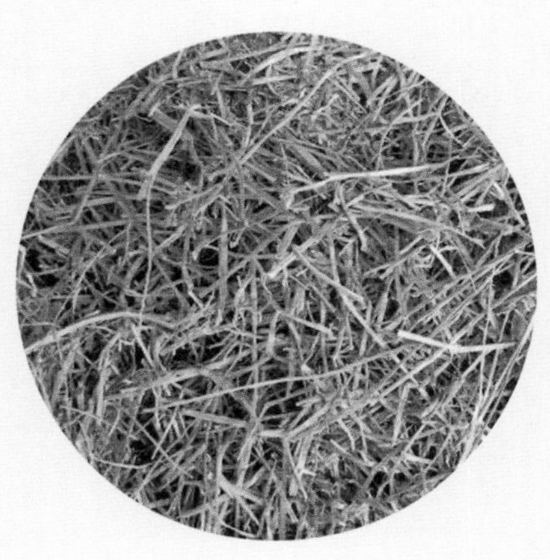

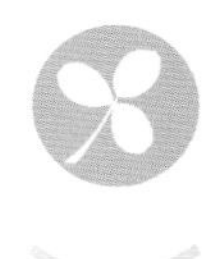

1. 青饲苜蓿的刈割和利用时间

青饲苜蓿的刈割时间因饲喂畜种的不同而不同：用来饲喂羊、马、牛等草食动物时，应在初花期至盛花期刈割，此时产草量接近最高，品质比较好，适合这些草食家畜耐粗饲的特点；饲喂幼畜或奶牛时，在孕蕾期和初花期刈割。具体刈割时间因地区不同而不尽相同。

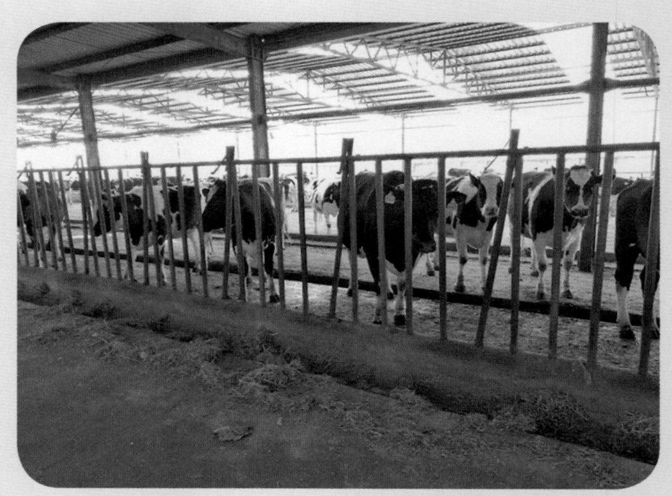

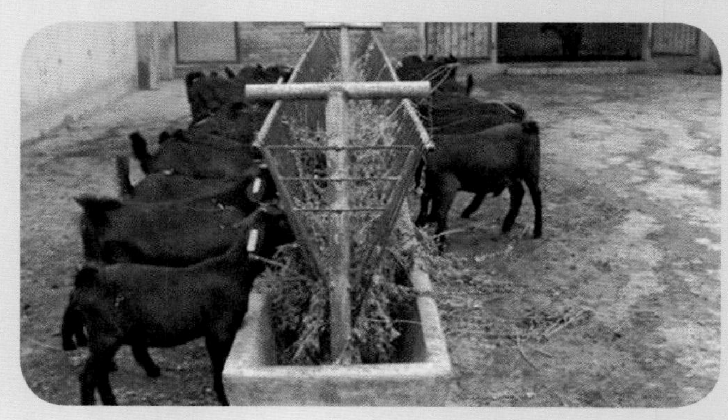

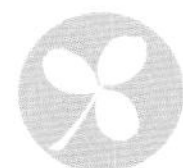

1. [illegible]

[illegible]

[illegible]

[illegible]

[illegible]

[illegible]

[illegible]

[illegible]

[illegible]

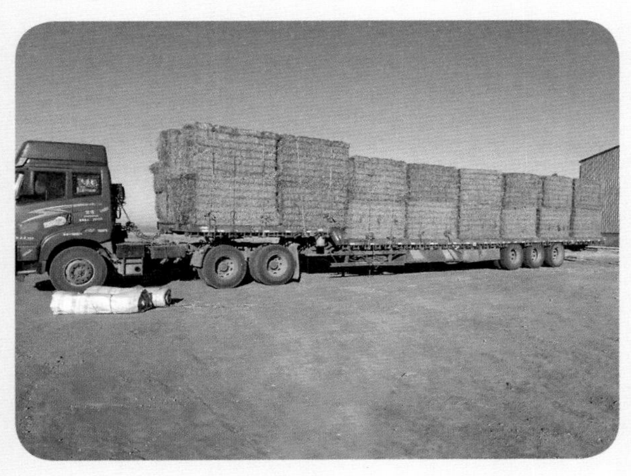

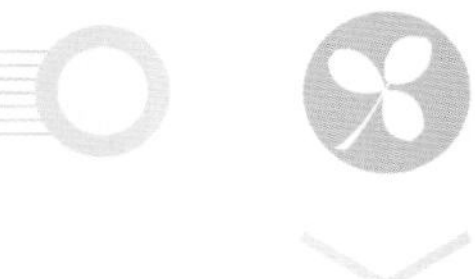

2. 饲喂量

青鲜苜蓿的饲喂量因条件而异，如果草地面积大，离畜禽舍近，拉运比较方便，能满足供应所饲养的畜禽需求，饲喂量可大些，否则可少些。

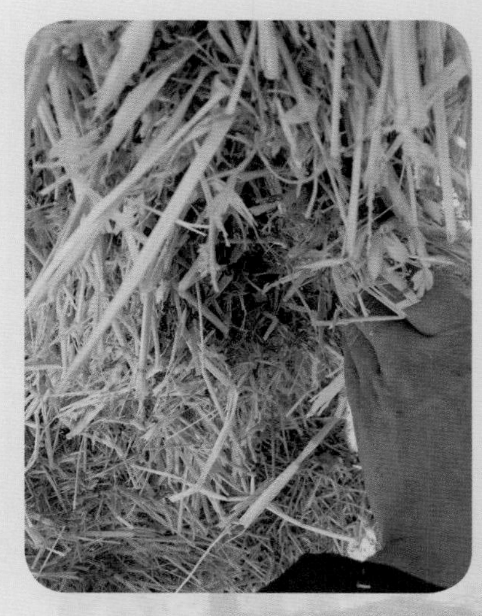

2. ᠬᠠᠳᠠᠯᠠᠬᠤ ᠠᠷᠭ᠎ᠠ

ᠨᠢᠭᠲᠠᠷᠭᠤᠯᠤᠭᠰᠠᠨ ᠡᠪᠡᠰᠦ ᠶᠢᠨ ᠬᠠᠳᠠᠯᠠᠬᠤ ᠴᠠᠭ ᠢ ᠤᠷᠲᠤ ᠪᠣᠯᠭᠠᠵᠤ ᠂ ᠲᠡᠭᠦᠰᠬᠡᠯ ᠦᠨ ᠬᠡᠮᠵᠢᠶ᠎ᠡ ᠶᠢ ᠪᠠᠭᠠᠰᠬᠠᠵᠤ ᠂ ᠠᠴᠢᠶᠠᠯᠠᠬᠤ ᠳᠤ ᠳᠥᠭᠥᠮ ᠪᠣᠯᠭᠠᠬᠤ ᠪᠠ ᠲᠡᠵᠢᠭᠡᠯ ᠦᠨ ᠴᠢᠨᠠᠷ ᠢ ᠬᠠᠮᠠᠭᠠᠯᠠᠬᠤ ᠳᠤ ᠠᠰᠢᠭ ᠲᠠᠢ ᠪᠣᠯᠳᠠᠭ ᠂ ᠲᠤᠰ ᠠᠷᠭ᠎ᠠ ᠪᠠᠷ ᠬᠠᠳᠠᠯᠠᠬᠤ ᠳᠤ ᠪᠠᠭᠠ ᠵᠠᠷᠴᠢᠮ ᠭᠠᠷᠭᠠᠬᠤ ᠪᠣᠯᠤᠨ᠎ᠠ᠃

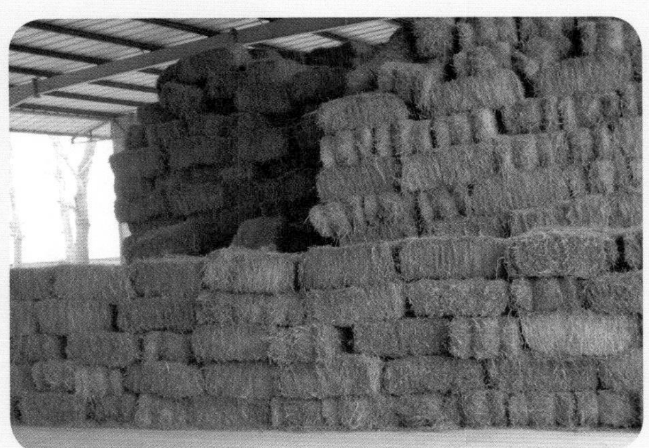

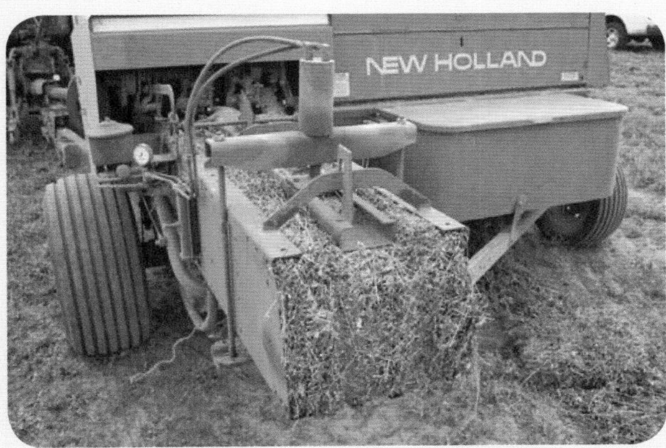

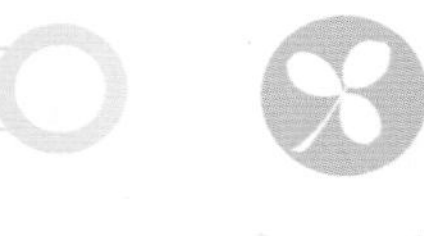

3. 饲喂方法

饲喂方法因畜种的不同而存在一定的差别。牛、羊是反刍动物，可整株饲喂；饲喂奶牛时，如果苜蓿比较细嫩，可整株喂，但最好将苜蓿切碎至3厘米左右饲喂；饲喂犊牛时要切碎至1～3厘米。

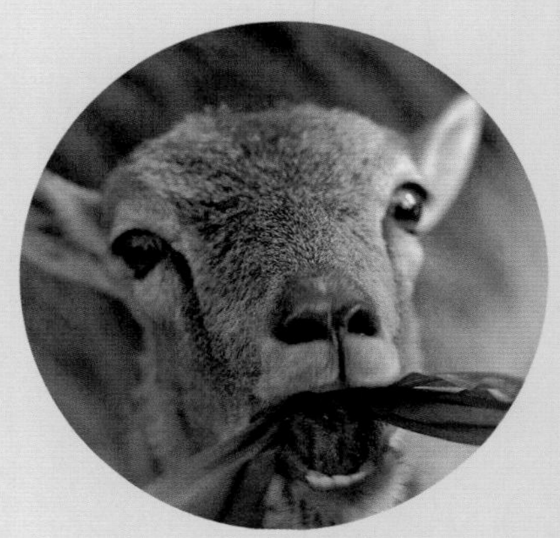

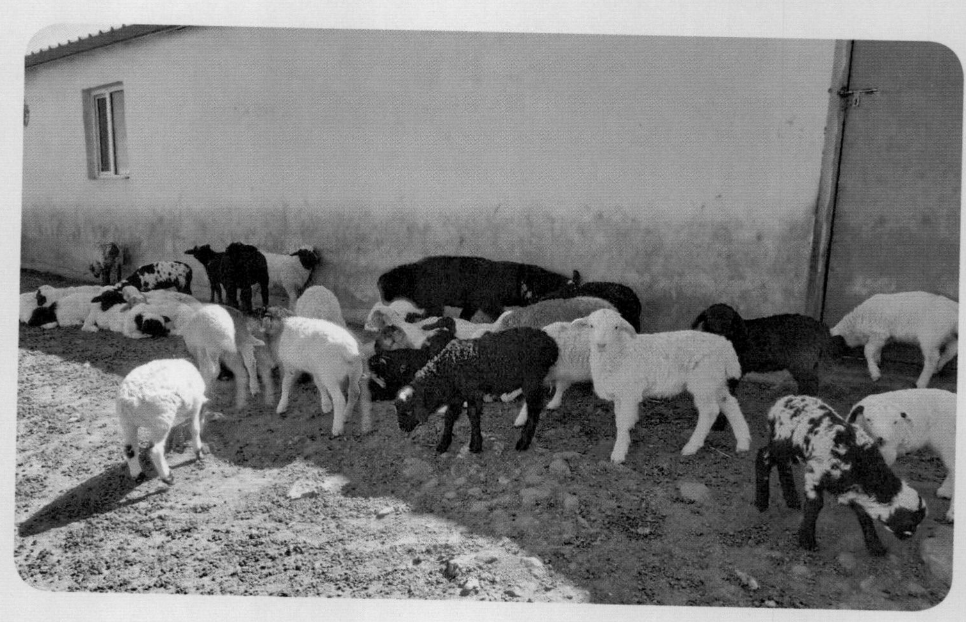

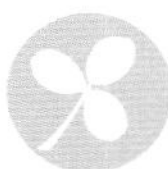

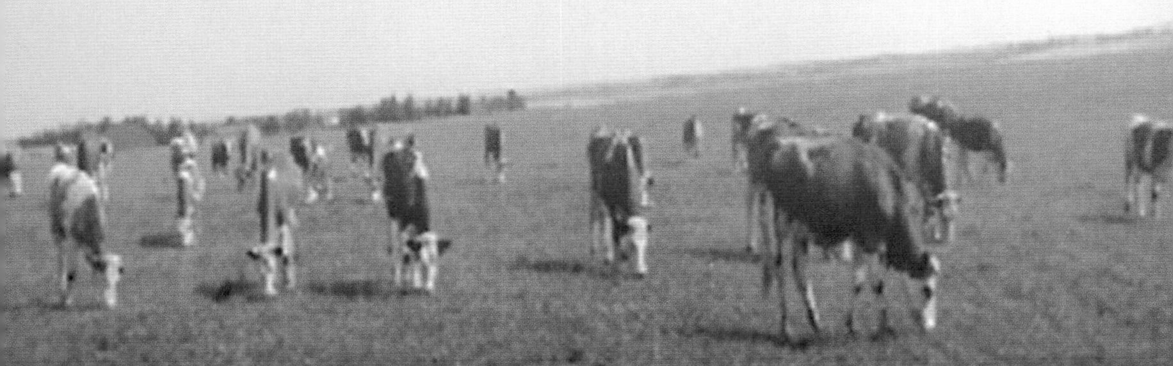

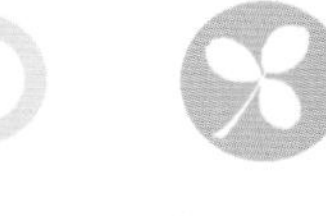

喂马、驴、骡等家畜时，也应将苜蓿切碎至3～5厘米饲喂；喂猪、禽时应粉碎或打浆，猪、禽是不耐粗纤维的动物，打浆后饲喂可以提高苜蓿的利用率，饲喂效果也比较好。

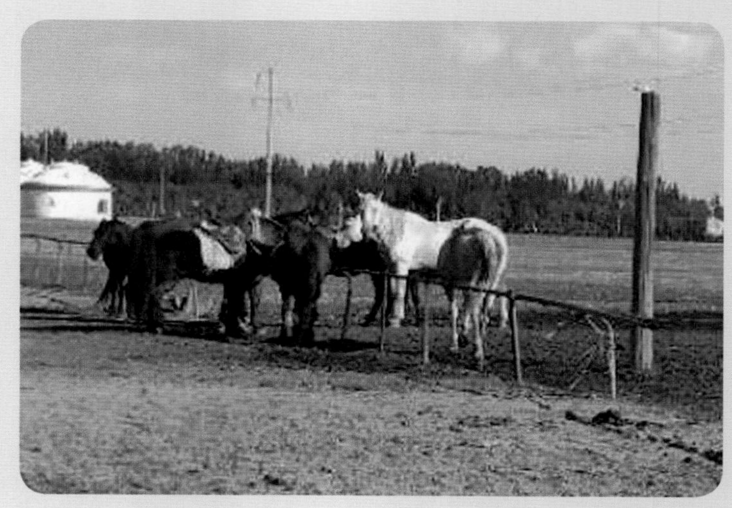

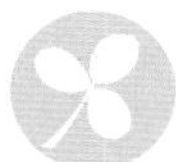

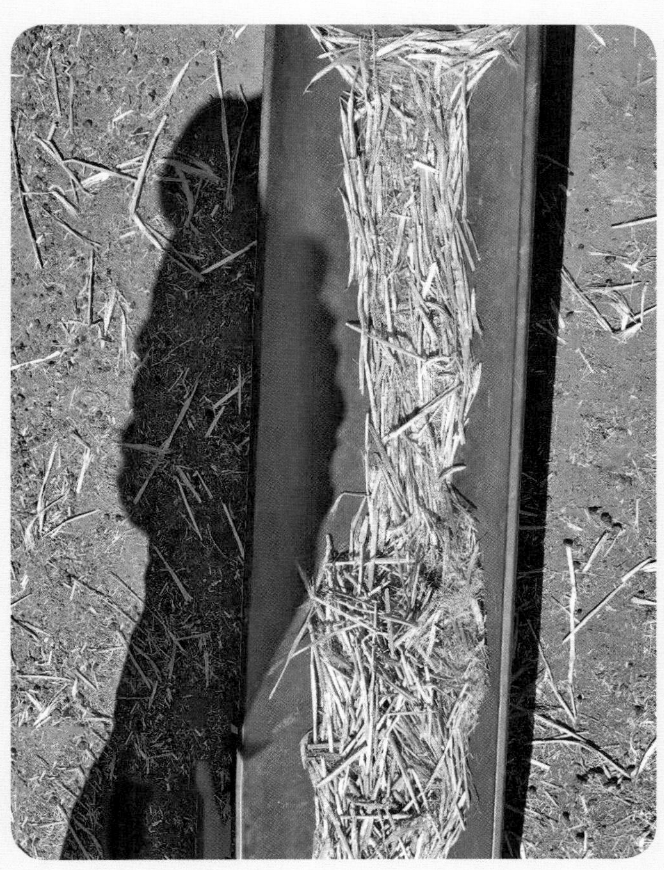

[illegible]

4. 注意事项

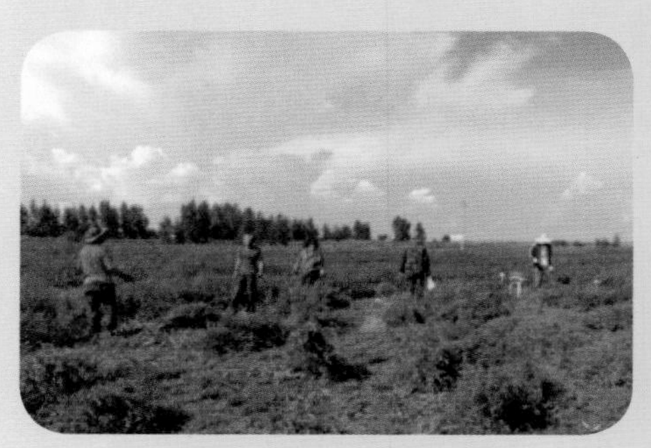

刈割后的鲜苜蓿喂牛、羊等反刍家畜时，由于青鲜苜蓿含皂素较高，容易发生臌胀病，因此刈割后可凋萎1～2小时再喂；也可以先喂一定量的禾本科牧草、天然牧草、秸秆等其他饲草，然后再喂青鲜苜蓿也能防止膨胀病的发生。

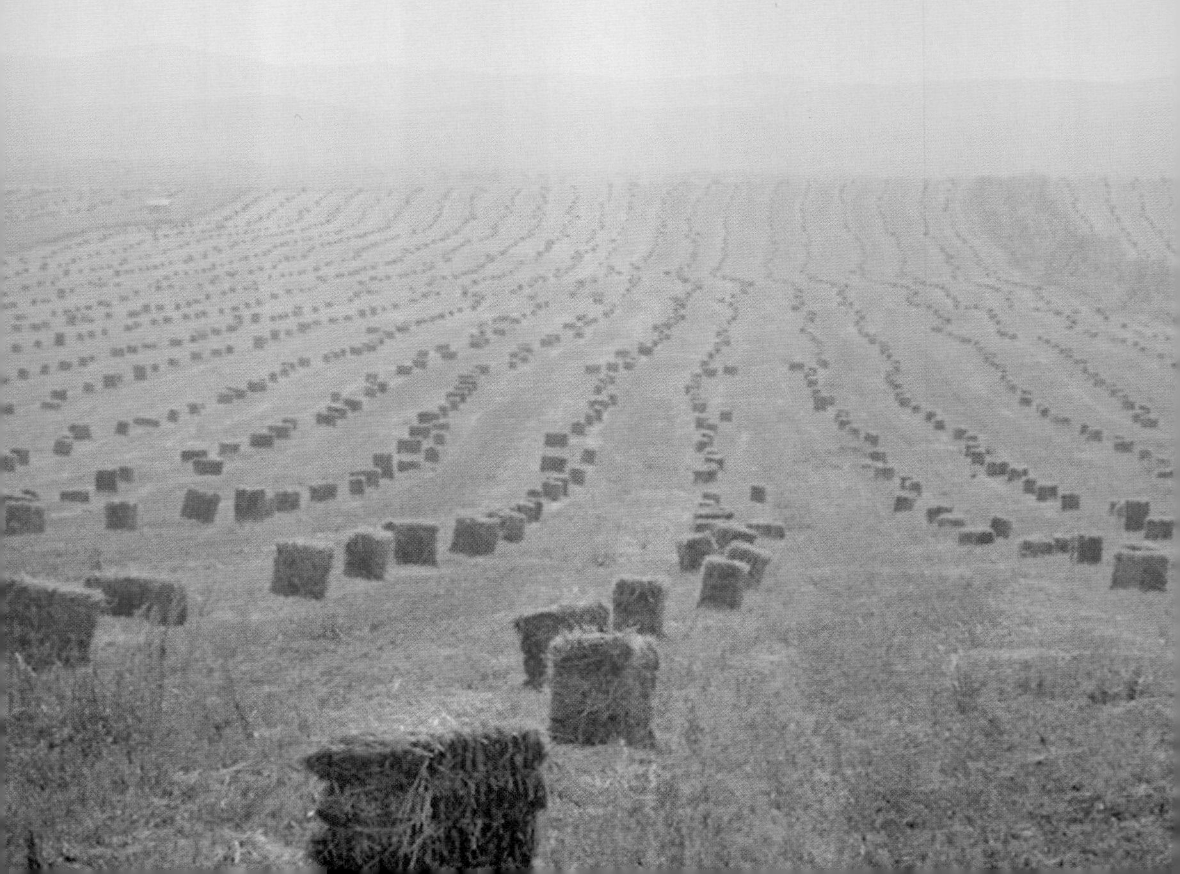

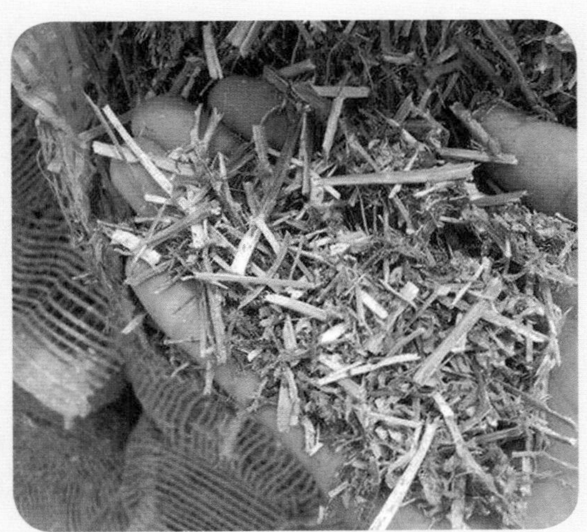

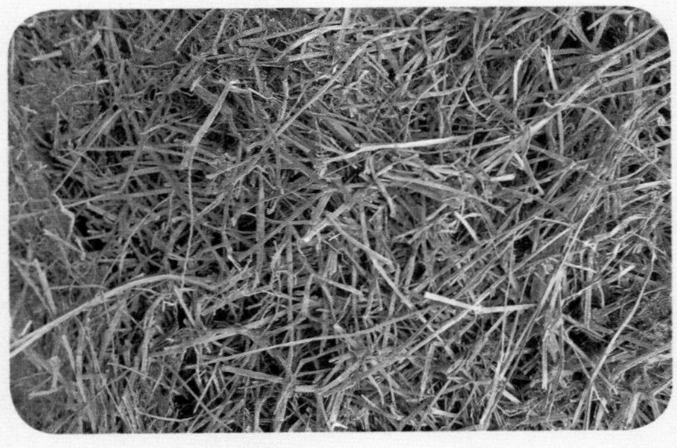

4. ᠰᠠᠢᠬᠠᠨ ᠬᠠᠳᠠᠭᠠᠯᠠᠭ᠎ᠠ

ᠶᠠᠮᠠᠷ ᠬᠠᠳᠠᠭᠠᠯᠠᠬᠤ ᠳᠤ ᠣᠯᠠᠨ ᠤ ᠬᠠᠮᠤᠭᠯᠠᠭᠰᠠᠨ ᠢ ᠬᠠᠮᠢᠭ ᠪᠣᠯᠬᠤ ᠂ ᠪᠠᠰᠠ ᠬᠠᠭᠤᠷᠠᠢ ᠬᠠᠳᠠᠭᠠᠯᠠᠬᠤ ᠶᠢᠨ ᠮᠣᠳᠣ ᠂ ᠭᠣᠣᠯ ᠰᠢᠭ ᠬᠠᠨᠳᠤᠭᠰᠠᠨ ᠢ ᠪᠠᠭᠤᠷᠠᠭᠤᠯᠵᠤ ᠂ ᠲᠡᠭᠰᠢᠯᠡᠬᠦ ᠭᠠᠳᠠᠷᠭᠤ ᠪᠠᠢᠳᠠᠯ ᠢ ᠬᠠᠮᠠᠭᠠᠯᠠᠬᠤ ᠨᠢ ᠴᠢᠬᠤᠯᠠ ᠃ ᠡᠭᠦᠨ ᠢ ᠬᠡᠷᠡᠭᠵᠢᠭᠦᠯᠬᠦ ᠳᠤ ᠬᠠᠮᠢᠭ ᠰᠠᠢᠨ ᠬᠠᠳᠠᠭᠠᠯᠠᠬᠤ ᠶᠢᠨ ᠡᠮᠦᠨ᠎ᠡ 1~2 ᠴᠠᠭ ᠤᠨ ᠳᠣᠲᠣᠷ᠎ᠠ ᠬᠠᠳᠠᠭᠠᠯᠠᠭᠰᠠᠨ ᠪᠣᠯ ᠬᠠᠮᠤᠭ ᠰᠠᠢᠨ ᠪᠣᠯᠤᠨ᠎ᠠ ᠂ ᠰᠠᠢᠨ ᠪᠣᠯᠬᠤ ᠮᠡᠳᠡᠭᠳᠡᠬᠦ ᠪᠡᠷ ᠬᠡᠮᠵᠢᠶ᠎ᠡ ᠶᠢᠨ ᠬᠡᠮᠵᠢᠶ᠎ᠡ ᠂ ᠰᠢᠷᠡᠭᠦᠨ ᠪᠣᠯᠤᠭᠰᠠᠨ ᠬᠠᠳᠠᠭᠠᠯᠠᠬᠤ ᠶᠢᠨ ᠬᠡᠮᠵᠢᠶ᠎ᠡ ᠶᠢ ᠪᠠᠭᠤᠷᠠᠭᠤᠯᠬᠤ ᠲᠡᠭᠰᠢᠯᠡᠯᠲᠡ ᠳᠦ ᠬᠤᠷᠠᠮᠳᠤᠭᠯᠠᠭᠳᠠᠬᠤ ᠂ ᠳᠠᠷᠤ ᠳᠤ ᠬᠦᠷᠬᠦ ᠪᠡᠷ ᠬᠠᠷᠢᠭᠤᠴᠠᠭᠤᠯᠬᠤ ᠪᠣᠯᠤᠨ᠎ᠠ ᠃

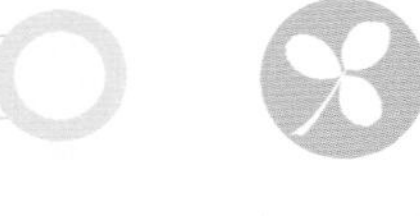

（二）青贮

1. 常规青贮生产工艺

与调制干草相比，苜蓿青贮营养成分损失少，可保持青绿饲草的营养特点，适口性好、消化率高、家畜喜食，而且调制方便、易于保存。苜蓿主要是在北方地区第二茬草收获，正值雨季，为减少调制干草带来的风险，苜蓿常被用来调制成青贮饲料。

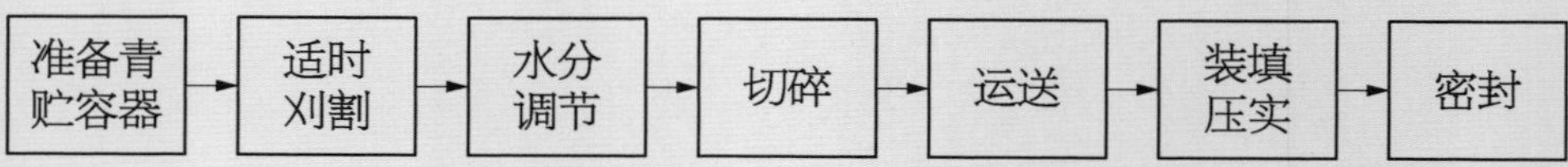

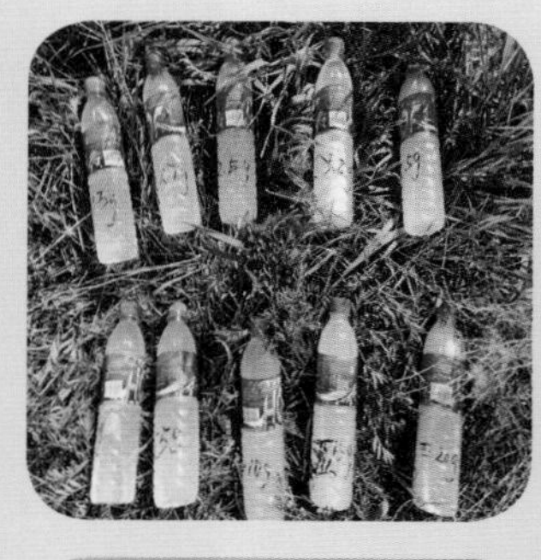

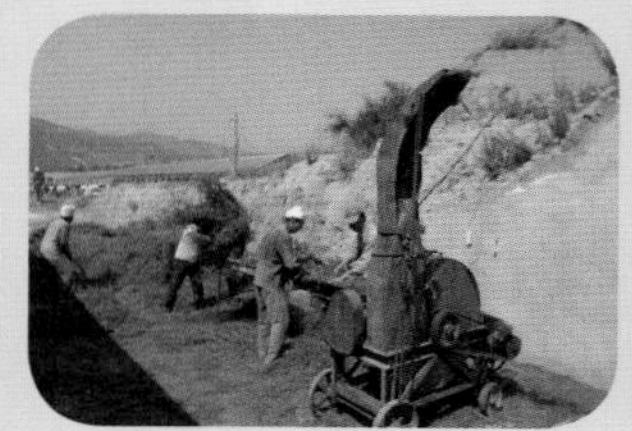

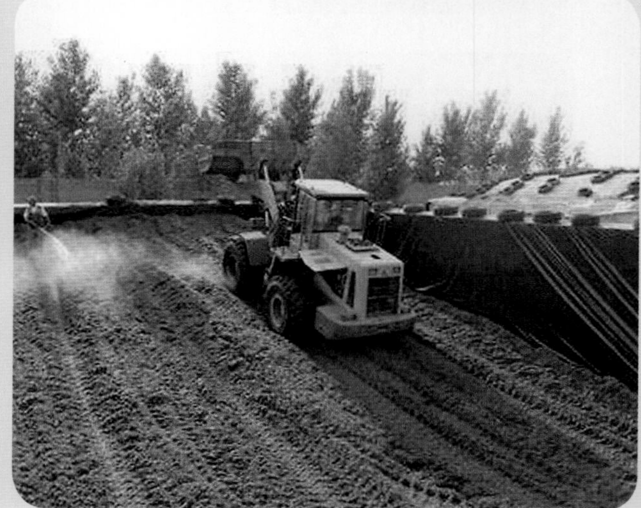

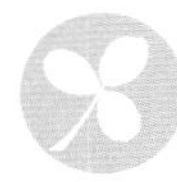

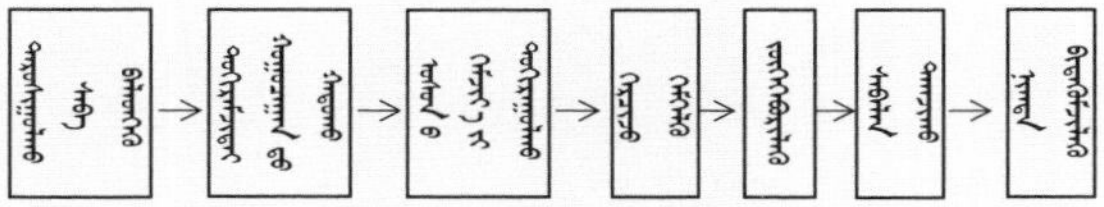

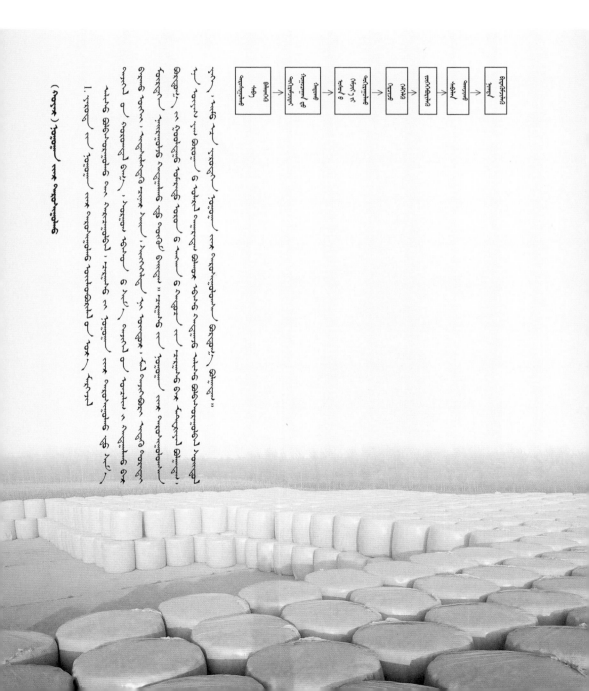

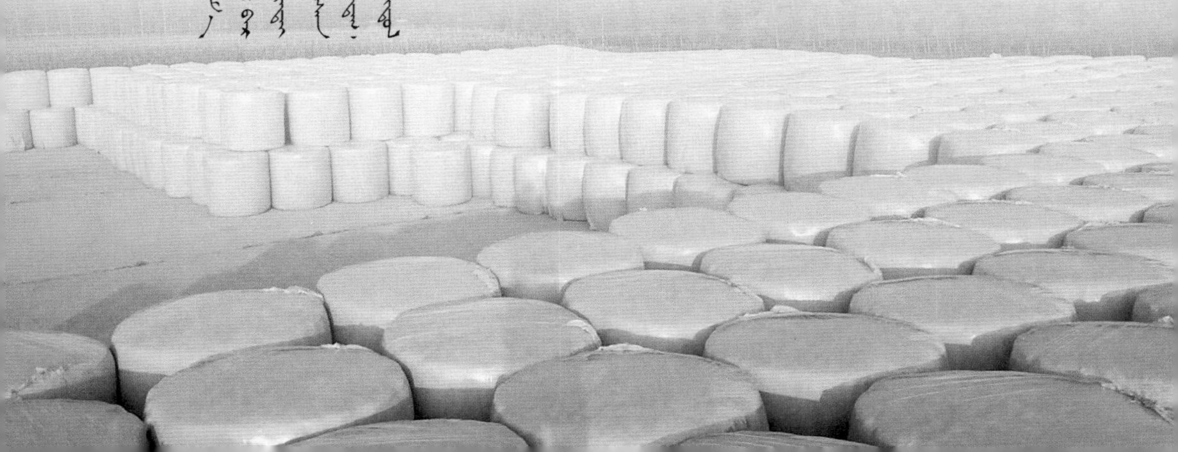

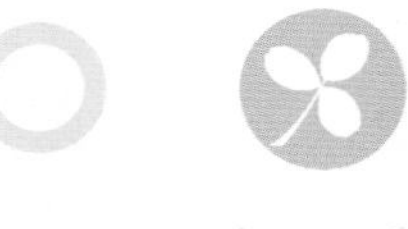

2. 草捆青贮

袋装草捆青贮：收割牧草，铺成草条，用捡拾压捆机制成大圆捆。将圆草捆分别装入塑料袋，选择一块坚实而干燥的场地将草捆垛好，再把袋口系紧，保持密封。

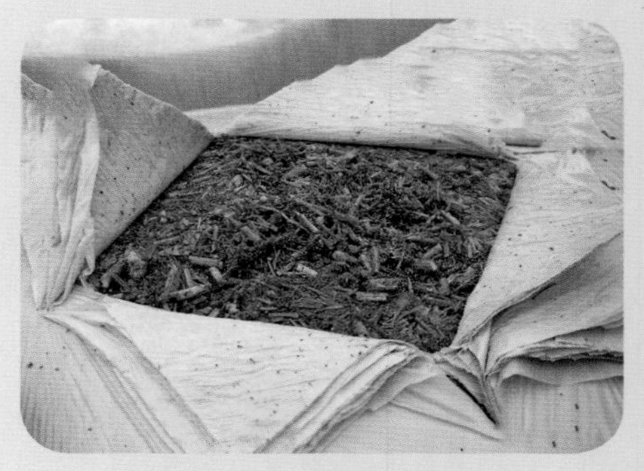

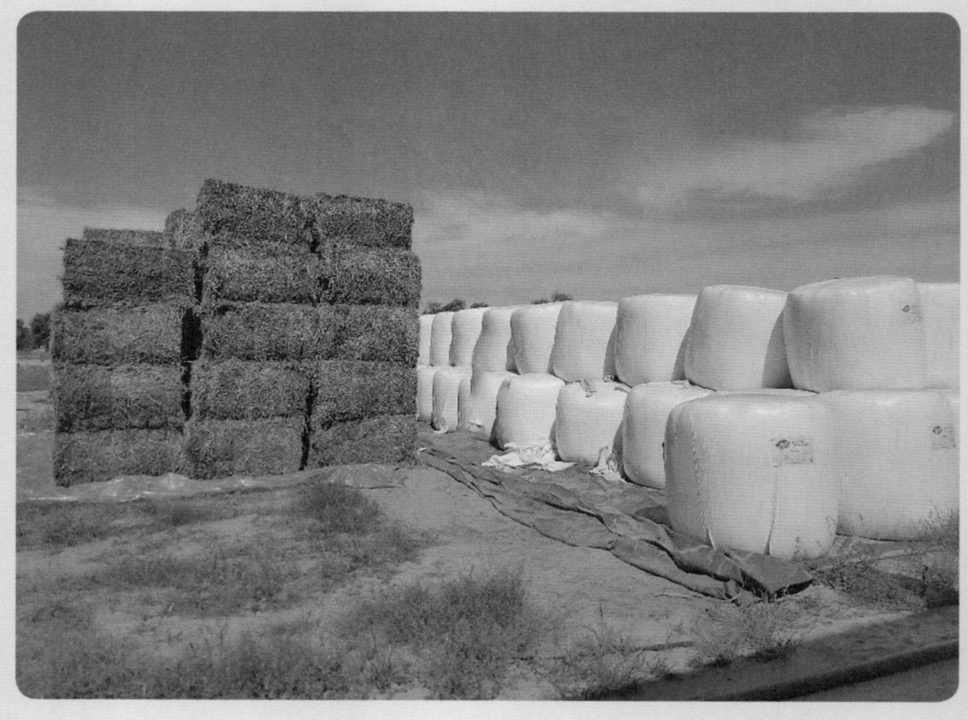

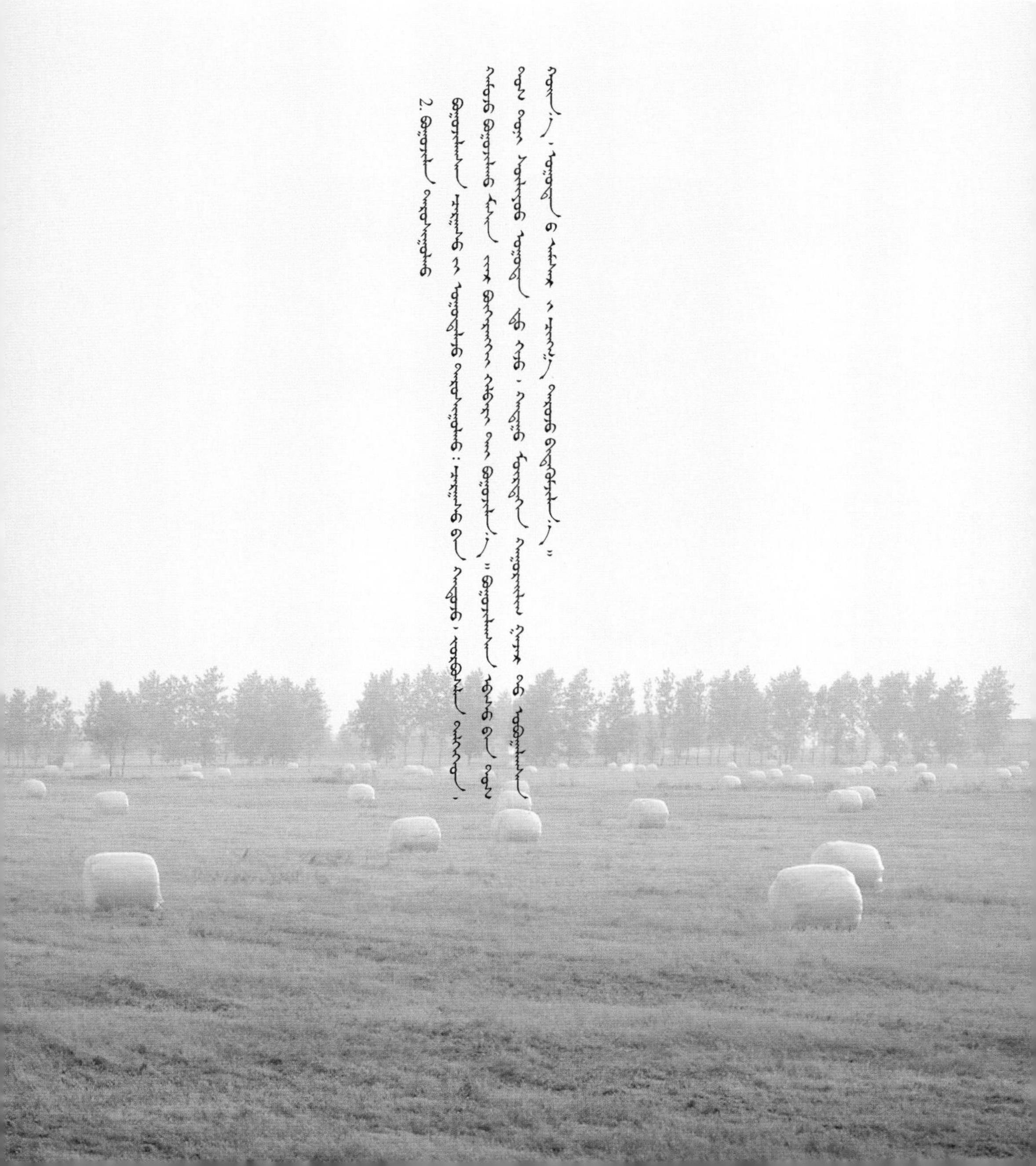

[illegible]

2. [illegible]

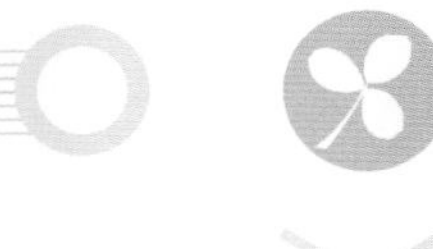

草捆堆状青贮：将苜蓿草捆堆成紧凑的草垛，再用一张结实塑料布盖严，使之保持密封。

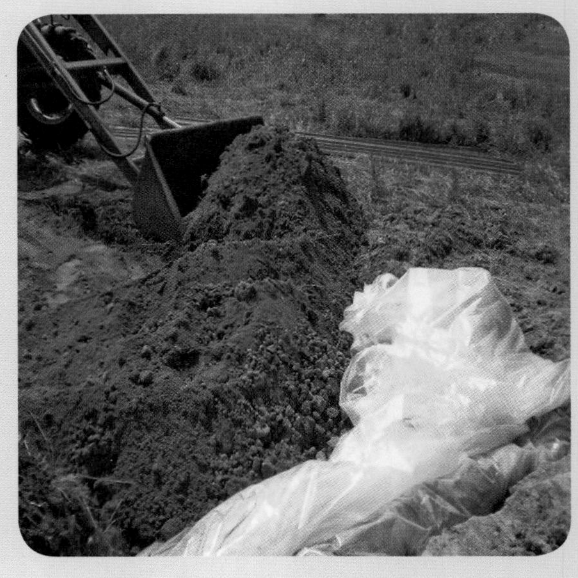

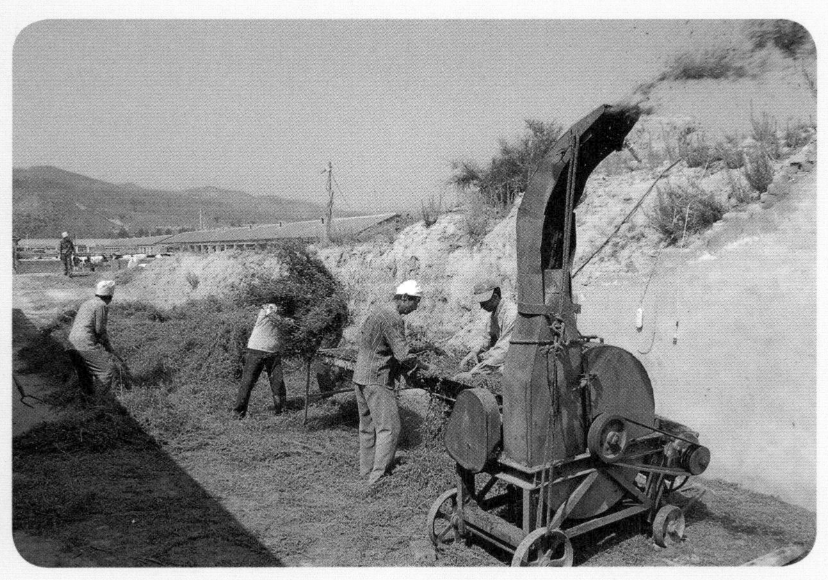

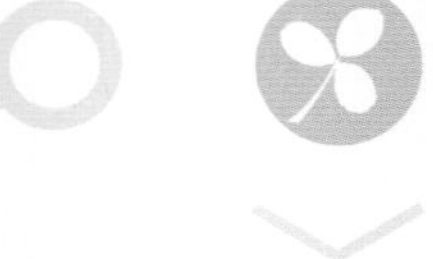

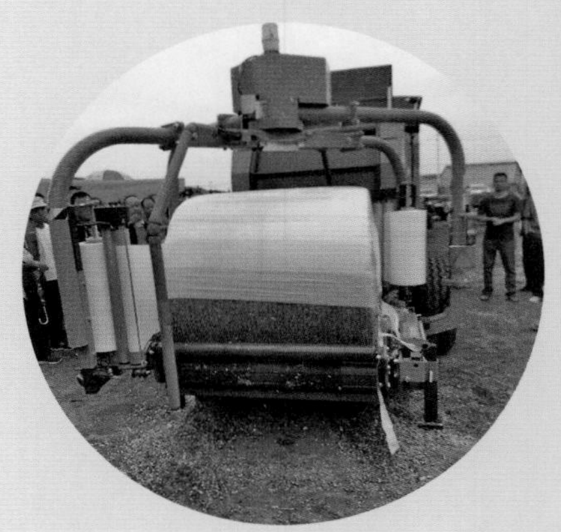

拉伸膜裹包青贮：打好的草捆应在当天迅速裹包，使拉伸膜青贮料在短时间内进入厌氧状态，抑制酪酸菌的繁殖。完成青贮发酵需要45天。

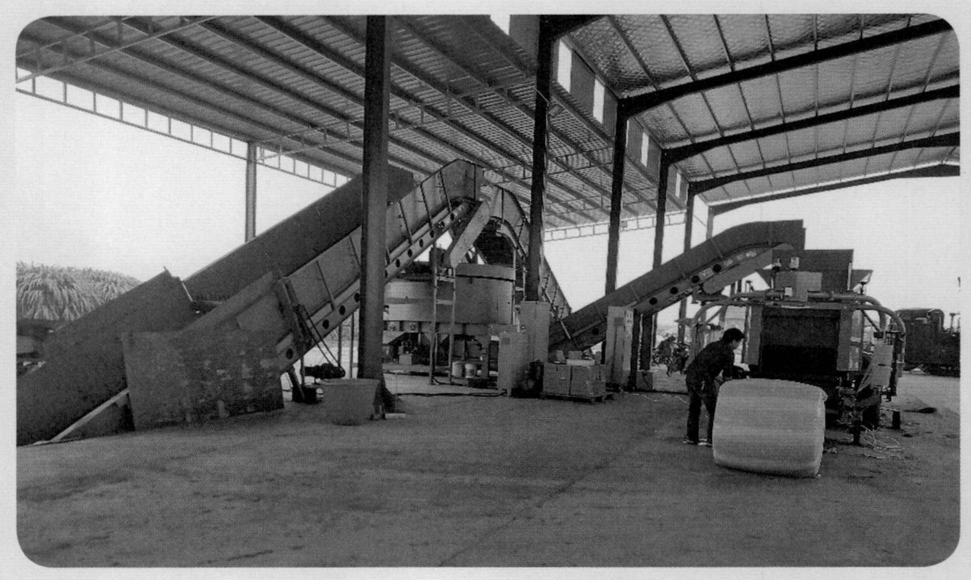

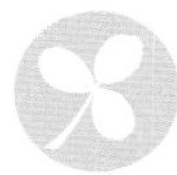

ᠭᠠᠷᠭᠠᠨ᠎ᠠ ᠃ ᠰᠢᠬᠠᠮᠳᠠᠭᠤ ᠠᠭᠠᠷ ᠰᠣᠯᠢᠯᠴᠠᠬᠤ ᠶᠢ ᠪᠠᠭᠤᠷᠠᠭᠤᠯᠤᠨ᠎ᠠ ᠳᠤ 45 ᠬᠣᠨᠣᠭ ᠬᠠᠳᠠᠭᠠᠯᠠᠭᠳᠠᠨ᠎ᠠ ᠃
ᠪᠣᠯᠪᠠᠰᠤᠷᠠᠭᠤᠯᠬᠤ ᠬᠤᠭᠤᠴᠠᠭ᠎ᠠ ᠳᠤ ᠪᠠᠭᠤᠷᠠᠭᠤᠯᠬᠤ᠂ ᠪᠣᠯᠤᠨ ᠬᠡᠷᠡᠭ ᠦᠨ ᠪᠣᠯᠪᠠᠰᠤᠷᠠᠯ ᠢ ᠳᠤ

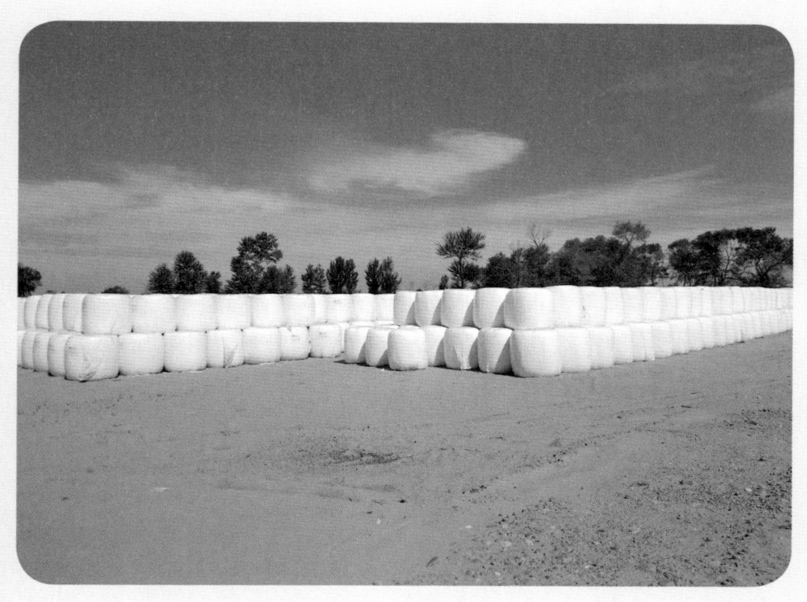

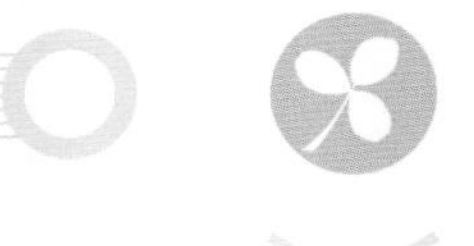

（三）干草调制

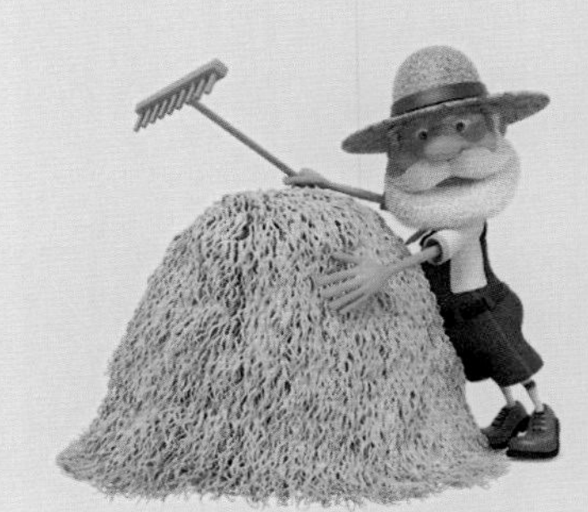

苜蓿草捆、草粉、草颗粒等草产品都是在调制成优质干草的情况下完成的，同时在生产中苜蓿调制干草也是一种普遍的、非常适用的牧草保存方式。

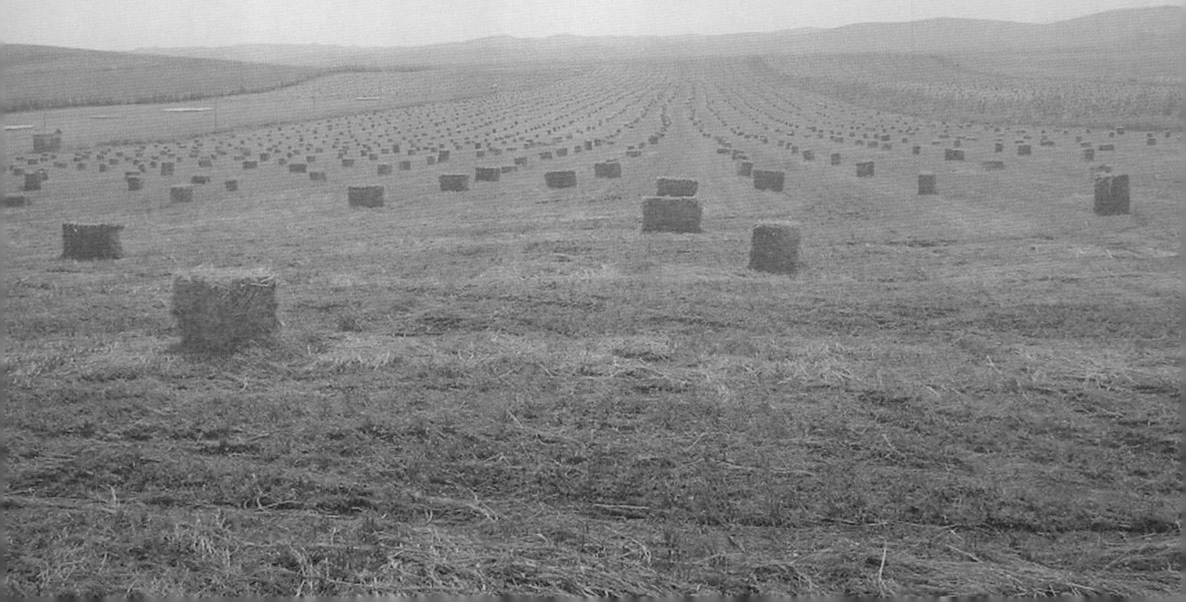

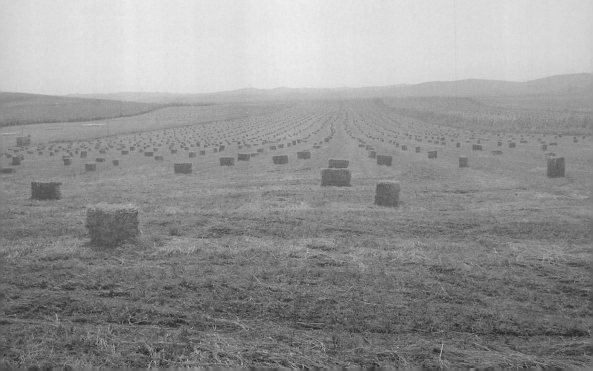

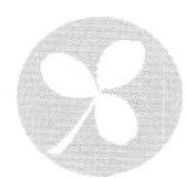

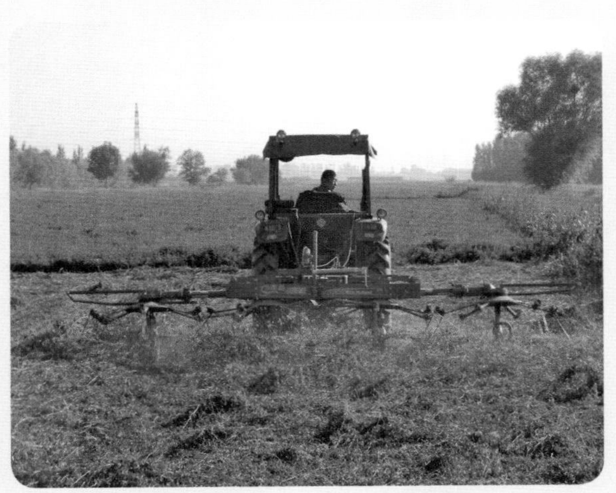

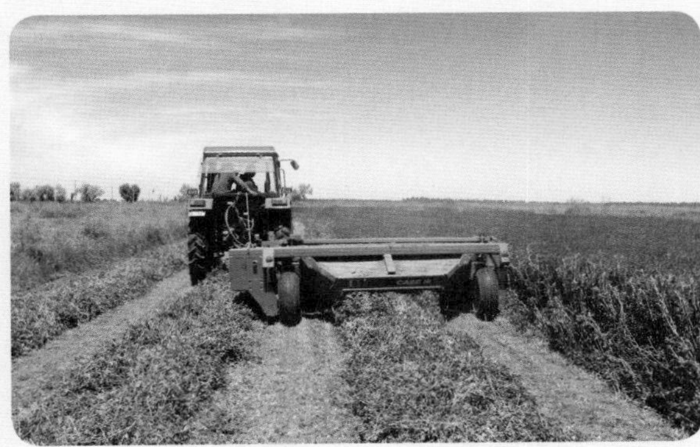

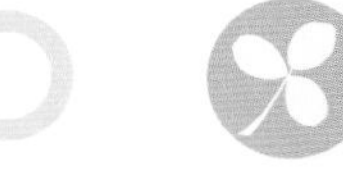

1. 自然干燥法

利用太阳能进行人工晾晒。包括：地面干燥法、草架干燥法、压扁晾干和阴干法。

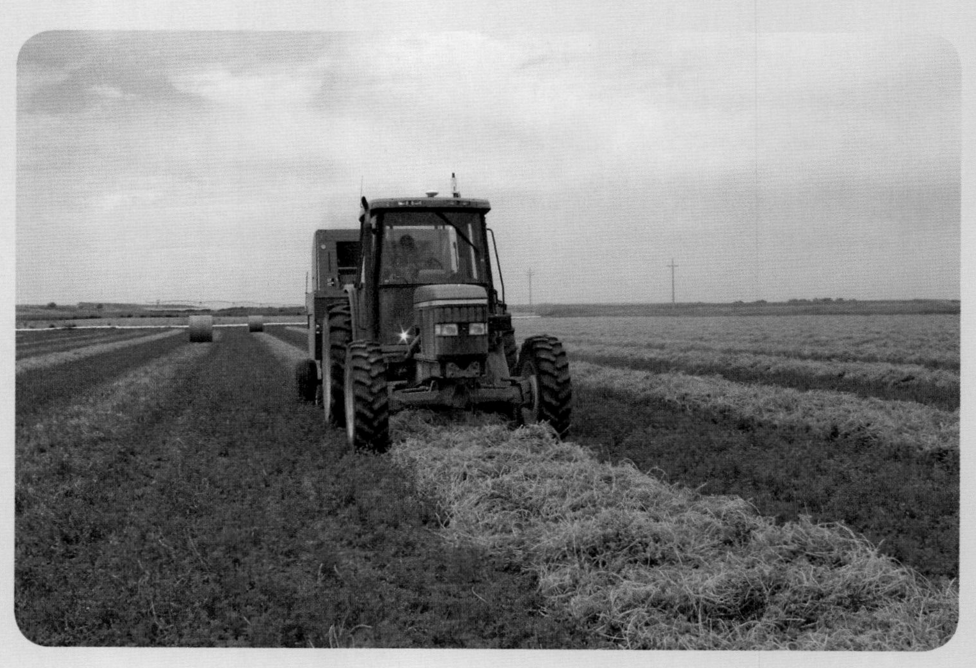

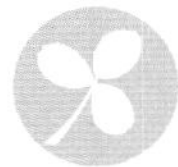

ᠠᠳᠠᠯᠢ ᠬᠠᠳᠠᠭᠠᠯᠠᠬᠤ᠂ ᠬᠠᠮᠲᠤᠷᠠᠭᠤᠯᠤᠨ ᠬᠠᠳᠠᠭᠠᠯᠠᠬᠤ ᠲᠡᠭᠡᠪᠦᠷᠢ ᠪᠣᠯᠭᠠᠨ᠎ᠠ᠃
ᠨᠢᠭᠡ ᠪᠣᠯ ᠪᠤᠭᠤᠯᠠᠬᠤ ᠬᠠᠳᠠᠭᠠᠯᠠᠬᠤ ᠶᠢᠨ ᠠᠷᠭ᠎ᠠ᠃ ᠬᠣᠶᠠᠷ ᠪᠣᠯ᠂ ᠮᠠᠯᠵᠢᠭᠠᠷ ᠬᠠᠳᠠᠭᠠᠯᠠᠬᠤ᠂ ᠭᠤᠷᠪᠠ
1. ᠪᠤᠭᠤᠯᠠᠬᠤ ᠪᠠᠷ ᠬᠠᠳᠠᠭᠠᠯᠠᠬᠤ ᠠᠷᠭ᠎ᠠ᠄ ᠡᠨᠡ ᠨᠢ ᠮᠠᠯ ᠤᠨ ᠲᠡᠵᠢᠭᠡᠯ ᠢ ᠪᠤᠭᠤᠯᠠᠵᠤ ᠪᠠᠭᠤᠯᠭᠠᠬᠤ

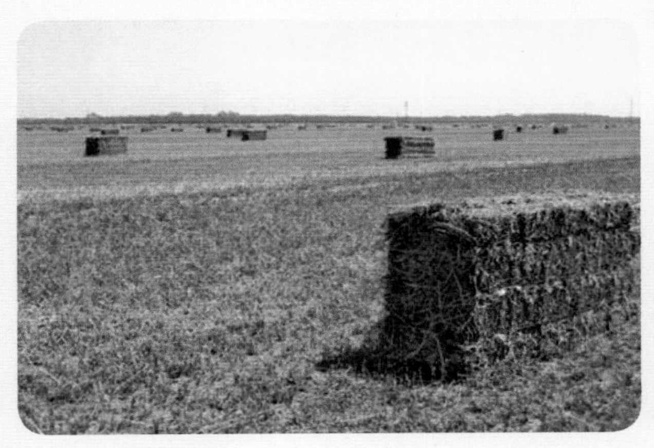

2. 人工干燥法

畜牧业发达的国家在苜蓿干草调制时常采用的方法，使用的机械设备及生产工艺更加先进。人工干燥法主要有常温鼓风干燥、低温干燥和高温快速干燥。

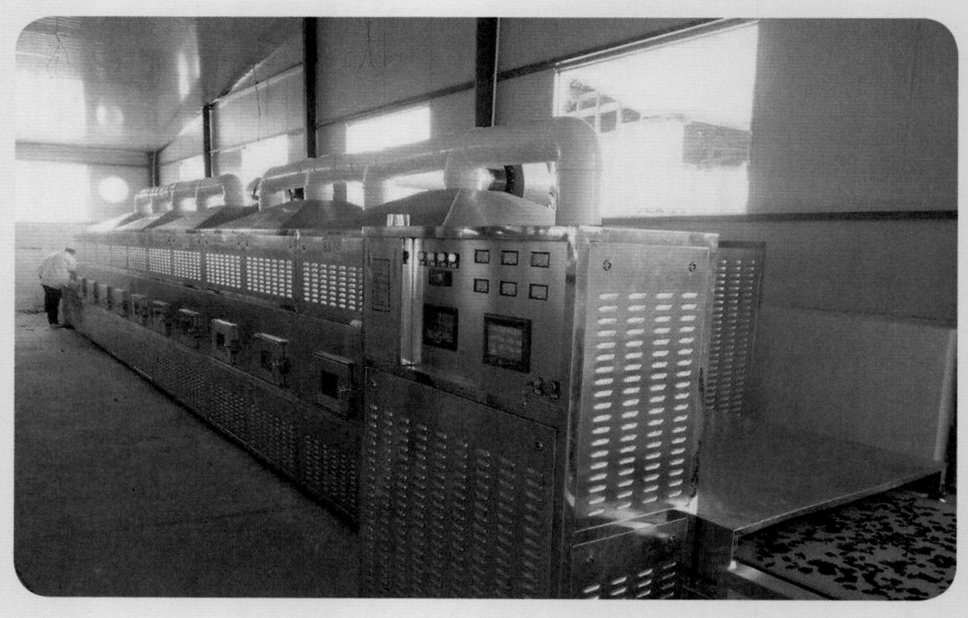

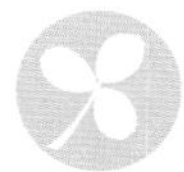

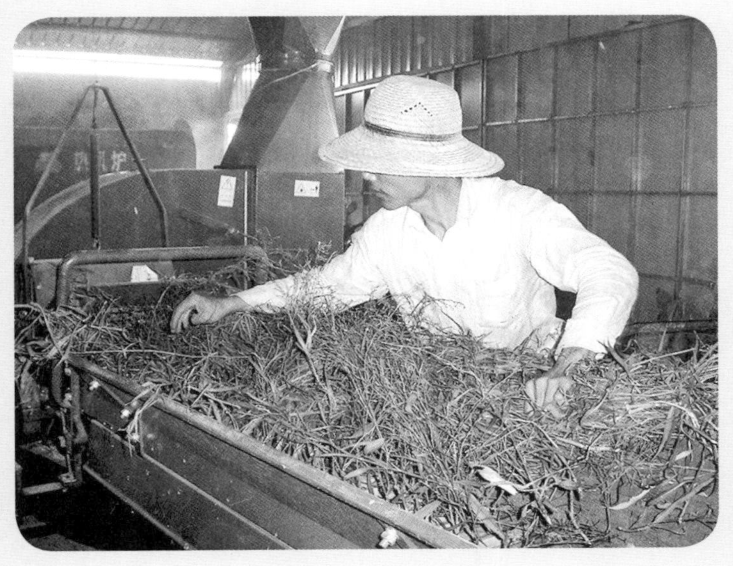

3. 混合脱水干燥法

将收割的苜蓿鲜草在田间晾晒一段时间，待含水量降至某种程度时，将其送到加工厂后继续干燥，并加工成所需的草产品。适用于降雨量为300 ～ 650毫米的地区。

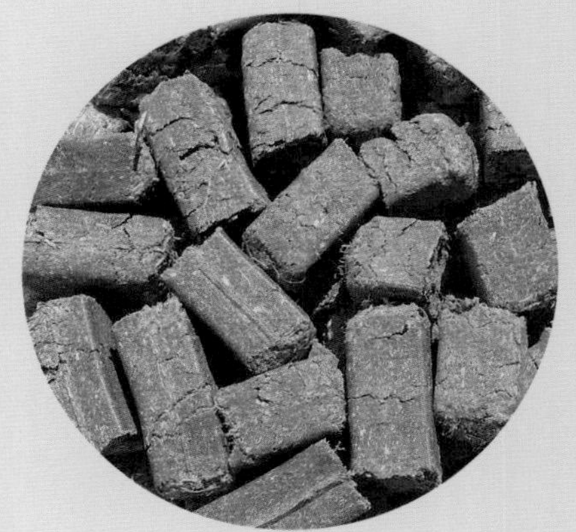

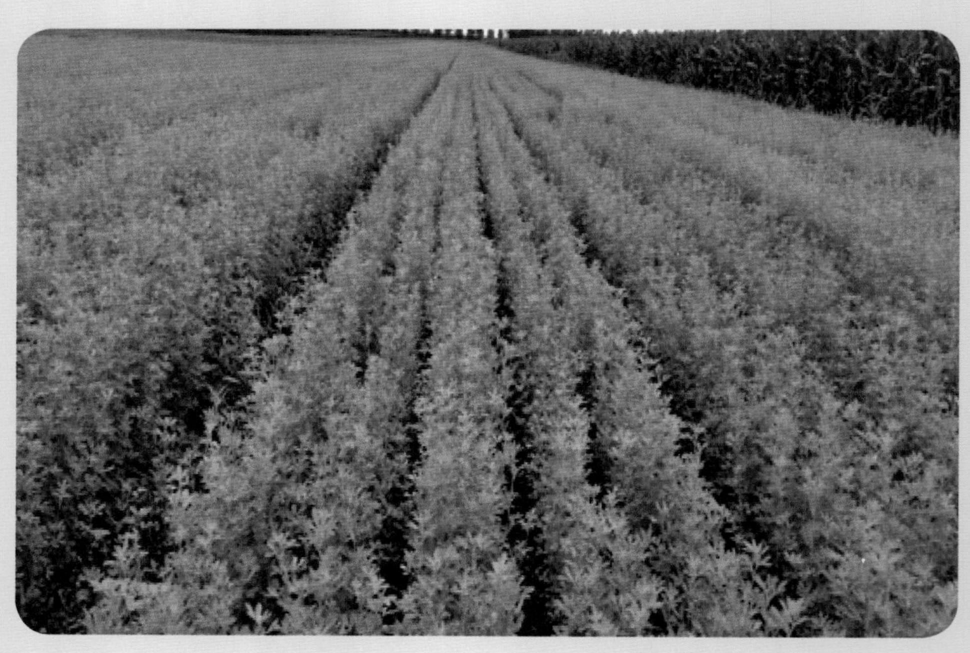

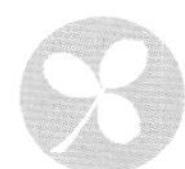

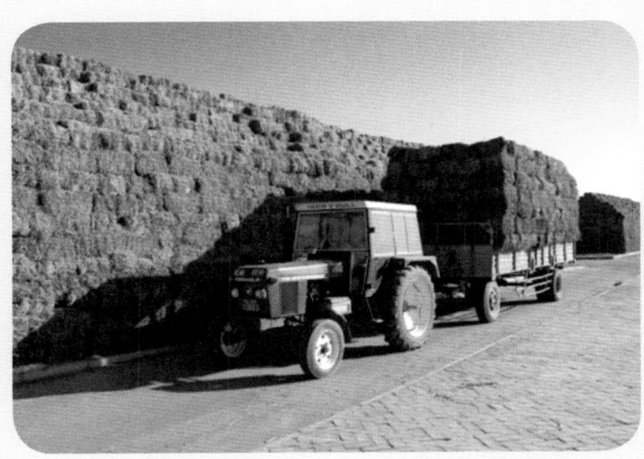

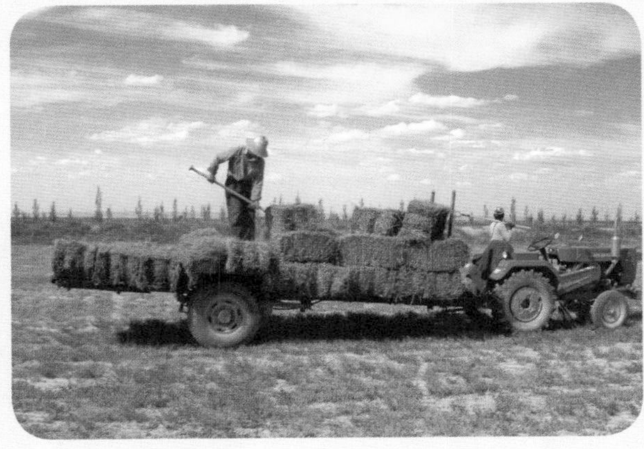

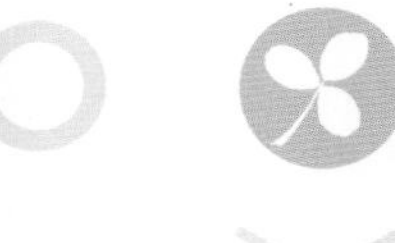

（四）草产品深加工

1. 草粉

可大大减少浪费，通过减少咀嚼耗能，减少家畜体内消化过程中能量的额外消耗，提高饲草消化率。是一些畜禽日粮的重要组成成分，是畜禽日粮中经济实惠的植物性蛋白质和维生素资源。

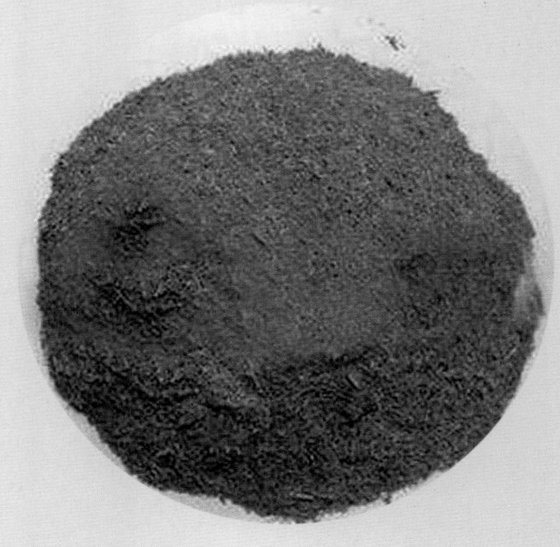

(ᠣᠷᠣᠯᠭ᠎ᠠ) ᠬᠠᠳᠠᠯᠠᠬᠤ ᠪᠣᠯᠪᠠᠰᠤᠷᠠᠭᠤᠯᠬᠤ ᠶ᠋ᠢᠨ ᠪᠡᠯᠡᠳᠬᠡᠯ ᠪᠣᠯᠪᠠᠰᠤᠷᠠᠭᠤᠯᠬᠤ

1. ᠬᠠᠳᠠᠯᠠᠬᠤ ᠬᠤᠭᠤᠴᠠᠭ᠎ᠠ

ᠬᠠᠳᠠᠯᠠᠬᠤ ᠪᠣᠯᠪᠠᠰᠤᠷᠠᠭᠤᠯᠬᠤ ᠠᠷᠭ᠎ᠠ ᠶ᠋ᠢᠨ ᠦᠨ᠎ᠡ ᠴᠢᠨᠠᠷ᠂ ᠬᠠᠳᠠᠯᠠᠬᠤ ᠬᠤᠭᠤᠴᠠᠭ᠎ᠠ ᠳ᠋ᠤ ᠬᠠᠮᠢᠶᠠᠷᠠᠨ᠎ᠠ ᠪᠥᠭᠡᠳ ᠡᠨᠡ ᠨᠢ ᠡᠭᠦᠨ ᠦ᠋ ᠲᠡᠵᠢᠭᠡᠯ ᠦ᠋ᠨ ᠴᠢᠨᠠᠷ ᠤ᠋ᠨ ᠬᠡᠮᠵᠢᠶ᠎ᠡ ᠶ᠋ᠢ ᠨᠥᠯᠥᠭᠡᠯᠡᠬᠦ ᠶ᠋ᠢᠨ ᠬᠠᠮᠲᠤ᠂ ᠮᠥᠨ ᠡᠭᠦᠨ ᠦ᠋ ᠭᠠᠷᠤᠴᠠ ᠶ᠋ᠢ ᠴᠢ ᠰᠢᠢᠳᠪᠦᠷᠢᠯᠡᠨ᠎ᠡ᠃ ᠡᠨᠡ ᠨᠢ ᠮᠣᠷᠢᠨ ᠪᠤᠷᠴᠠᠭ᠎ᠠ ᠶ᠋ᠢᠨ ᠭᠠᠷᠤᠴᠠ ᠪᠣᠯᠤᠨ ᠴᠢᠨᠠᠷ ᠢ᠋ ᠨᠡᠮᠡᠭᠳᠡᠭᠦᠯᠬᠦ ᠨᠢᠭᠤᠷ ᠰᠤᠷᠠᠭ ᠪᠣᠯᠤᠨ᠎ᠠ᠃

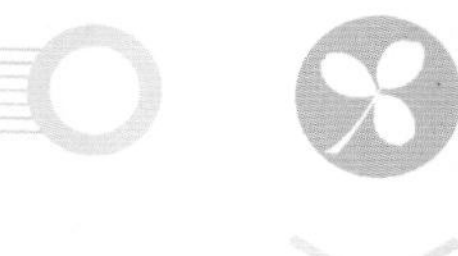

2. 草颗粒

便于贮藏和运输，可以用制粒机把干草粉压制成颗粒状，即草颗粒。草颗粒可大可小，直径为0.64 ～ 1.27厘米，长度0.64 ～ 2.54厘米。

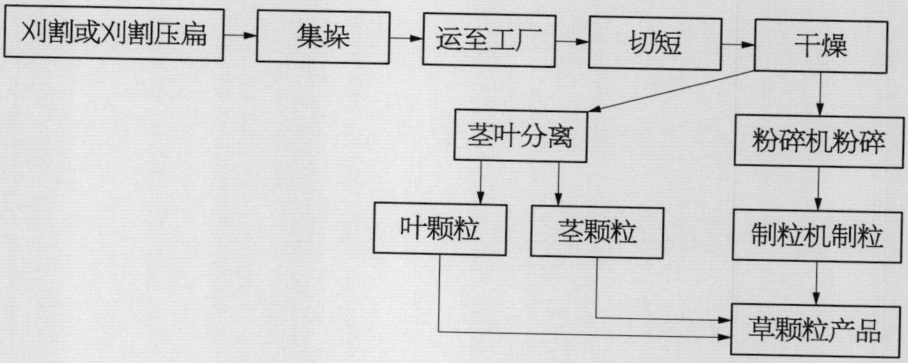

刈割或刈割压扁 → 集垛 → 运至工厂 → 切短 → 干燥

干燥 → 茎叶分离 → 叶颗粒、茎颗粒 → 草颗粒产品

干燥 → 粉碎机粉碎 → 制粒机制粒 → 草颗粒产品

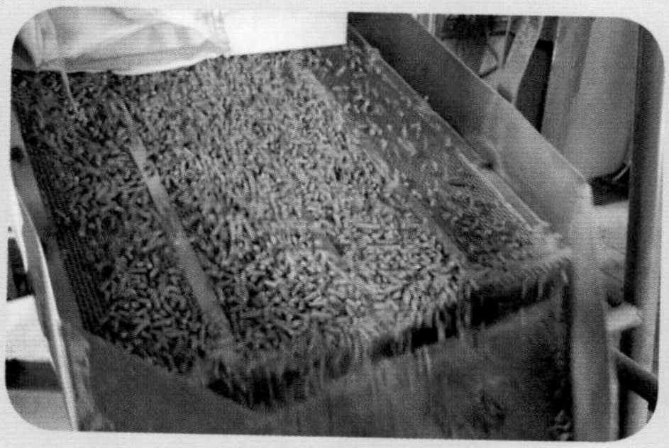

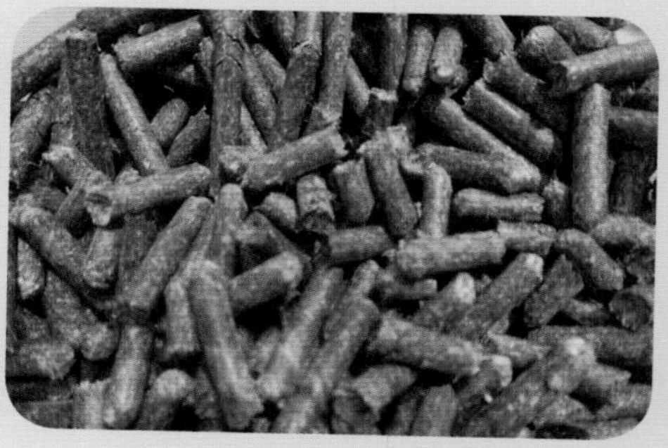

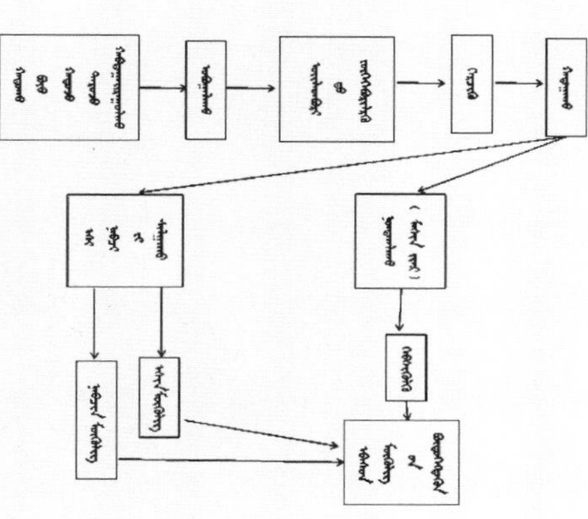

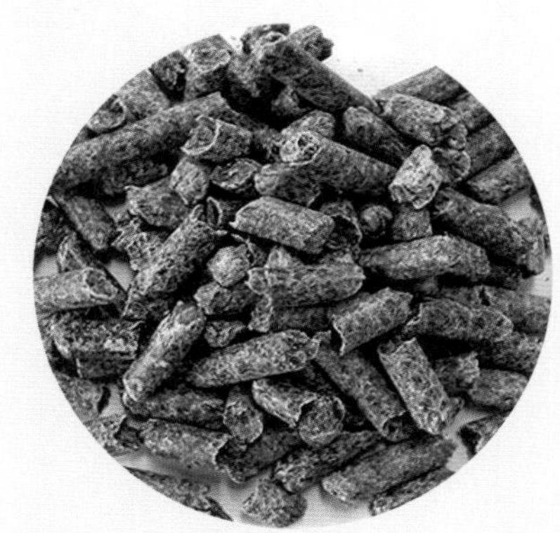

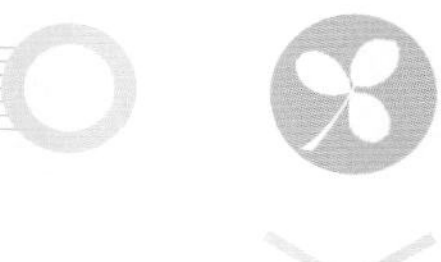

3. 干草块

一般不用于制作配合饲料，主要用作牲畜的基础饲料，目前生产中多采用自走式或半固定式的高密度捡拾压捆机和草块机。

割草 → 压扁 → 翻晾 → 集草 → 捡拾 → 制草块

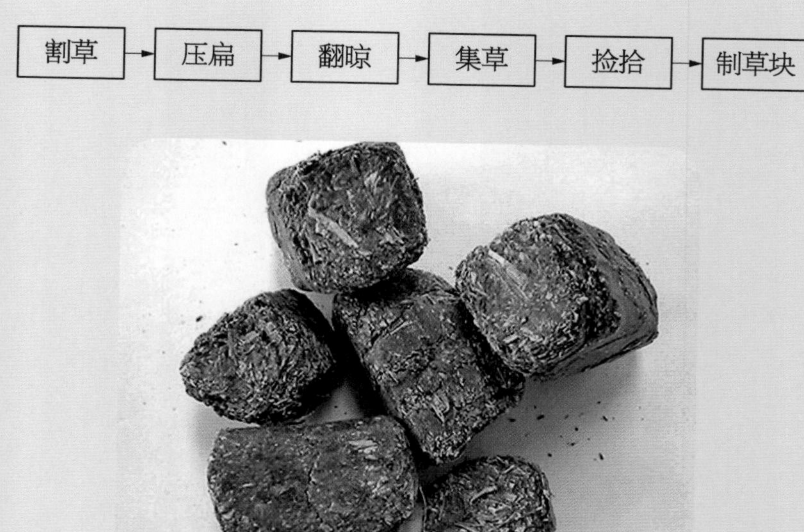

[illegible]

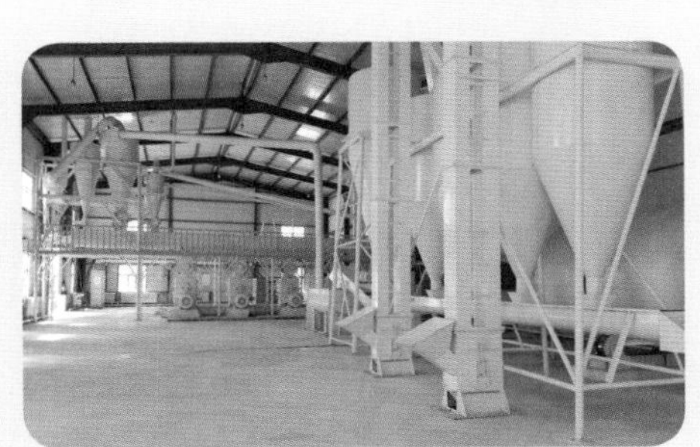

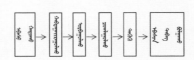

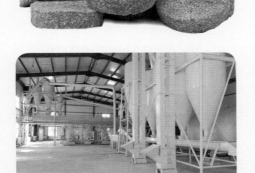

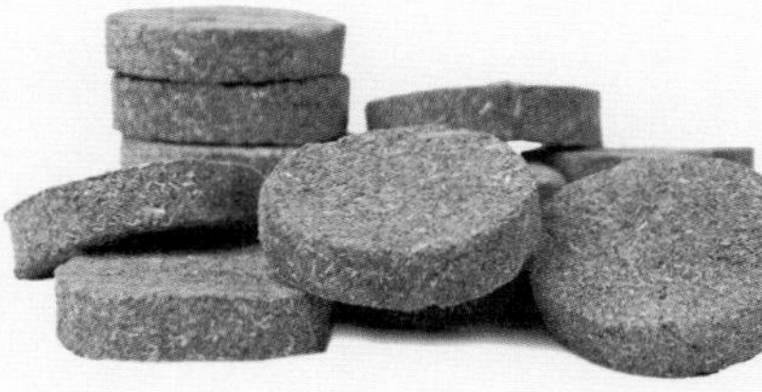

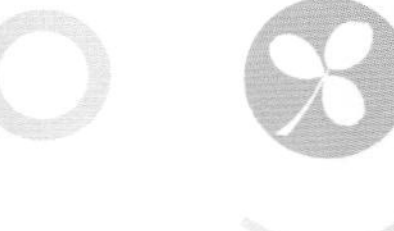

4. 苜蓿叶蛋白

将鲜苜蓿打浆、挤压后，获得绿色含粗蛋白质的提取液，加以干燥，经粉碎后即制成叶蛋白产品。是一种高品质的粗蛋白质饲料。

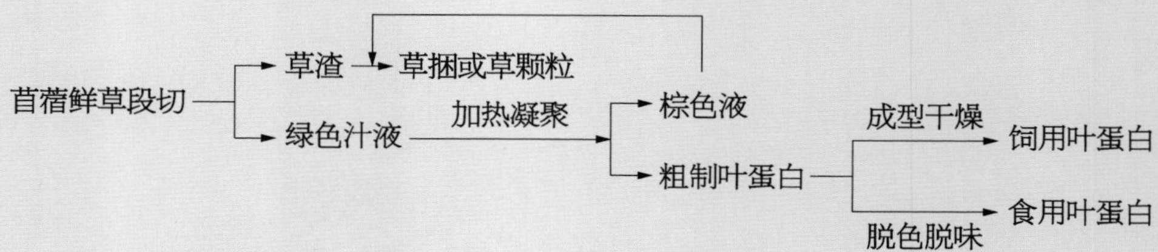

5. 其他草产品

- 食用白蛋白。
- 酶制剂。
- 天然色素。
- 维生素E。
- 食用苜蓿草纤维。
- 未知生长刺激因子。
- 蔬菜。

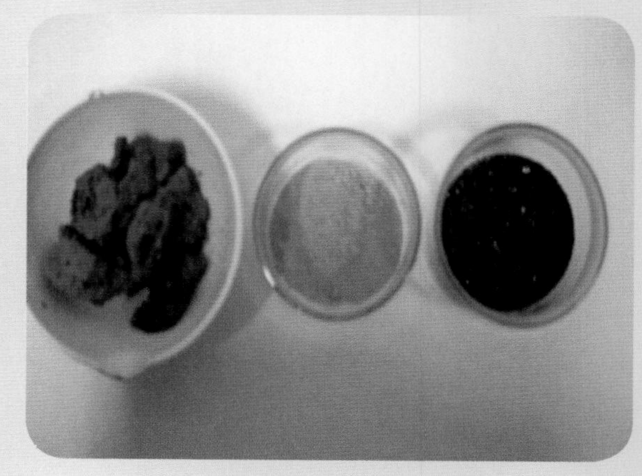

- E

5.

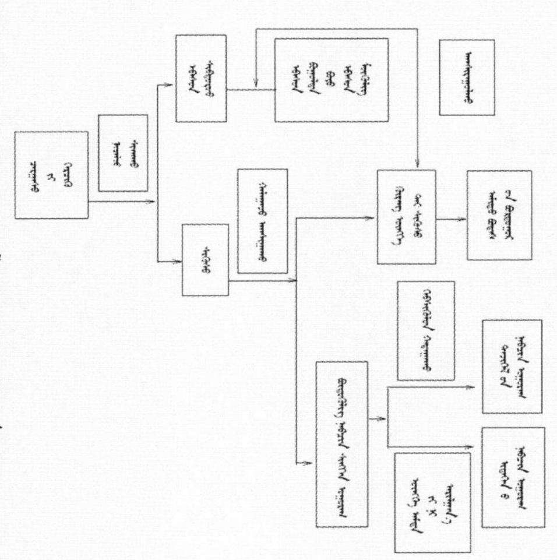

4.

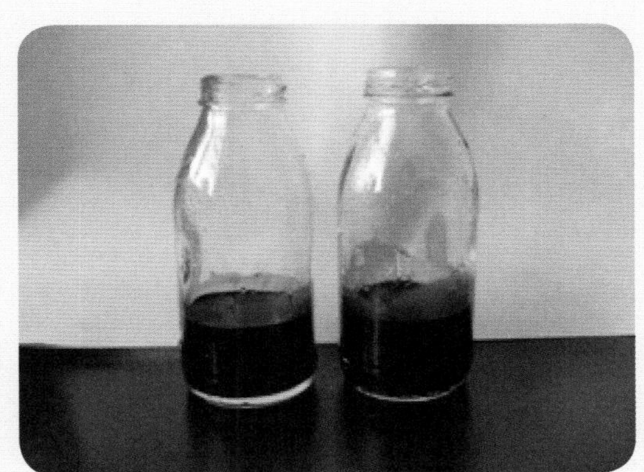

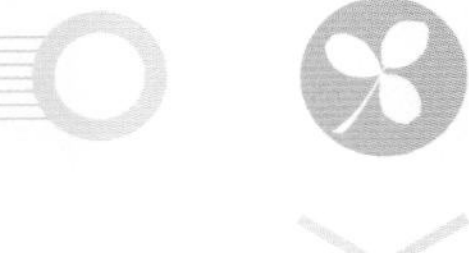

六、不同生境苜蓿利用方式

（一）沙地苜蓿种植技术

1. 地块选择

选择沙化弃耕地、固定沙地和半固定沙地，且植被覆盖率在30%以下的平坦草地、沙地丘间谷地、坡地下缘等区域。

2. 耕翻前处理

在耕翻前要除掉沙地上的小灌木、树桩等，对草本植物一般用烧荒的办法。

3. 耕翻与耙地

最适宜的时间在初夏，且雨季即将来临；耕翻后垡片翻转，土壤黏性大或草根多时，必须进行耙地作业。

4. 水利设施建设

如果有条件应打井、修渠，实施灌溉或采取集水措施。在播种前浇地，保证抓苗成功。

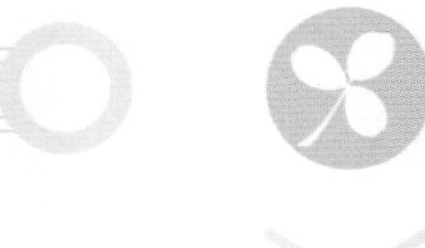

5. 播种处理

由于沙地土壤肥力较差、降水量低，苜蓿种子应做丸衣化处理，包裹抗旱剂、蓄水剂、肥料、微量元素、农药等，起到提高种子吸水能力、增加种子周围土壤肥力等作用。

6. 播种时间

选在雨季进行，抢墒播种，应选在小到中雨前播种。

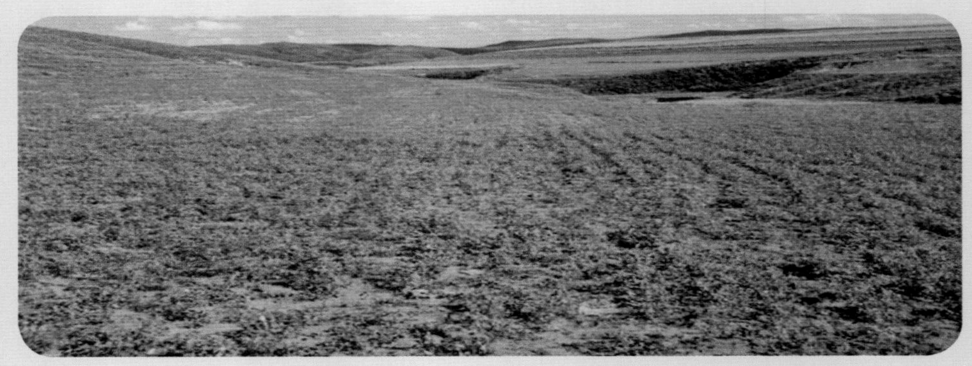

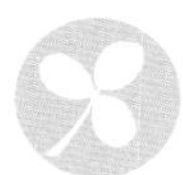

[illegible]
[illegible]
[illegible]
[illegible]
[illegible]
[illegible]
[illegible]

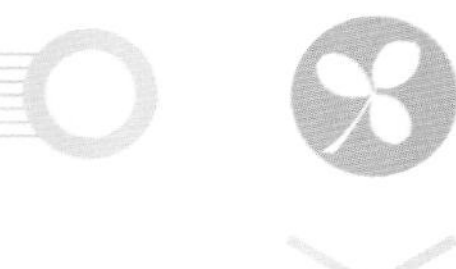

（二）盐碱地苜蓿种植技术

1. 设置排碱沟

以平行于河流设置的排碱沟为纵向排碱沟，垂直于河流的排碱沟为横向排碱沟。纵向排碱沟上部宽度为6米左右，底部为1～2米，深度为2～3米，切面为梯形，沟间距为300～500米；横向排碱沟的宽度为3～5米，深度为1米左右，沟间距为200～300米。

2. 选择耐盐苜蓿品种

首选较耐盐碱的中苜1号、中苜3号、甘农3号、草原3号等杂花苜蓿，苜蓿品种可单播，也可2～3种进行混播。

3. 整地

在播种前一年秋季深翻，使杂草及根系翻进地表以下腐烂，次年春季或初夏季在地表水下渗后再进行翻耕或旋耕，然后重耙一遍。

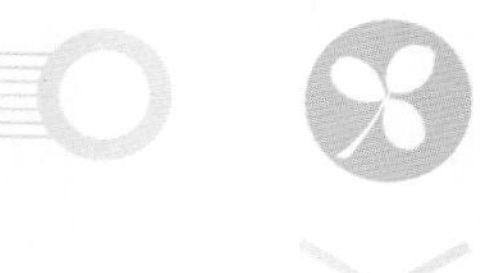

4. 播种技术

播种一般在5月下旬至8月下旬，春季适时晚播。5月下旬至6月初播种，也可在初夏播种，秋播宜在8月进行。

播种时不起垄，平地播种，播种量每公顷为30 ～ 45千克，条播，播幅宽为2 ～ 2.5米。要注意各播幅间的衔接，要播齐播严，不要出现漏播的地方。播种后最好要耙一遍，然后镇压1 ～ 2遍，使种子与土壤充分接触。播种前注意观察气象资料，最好选择雨前1 ～ 2天播种完毕，以利出苗。

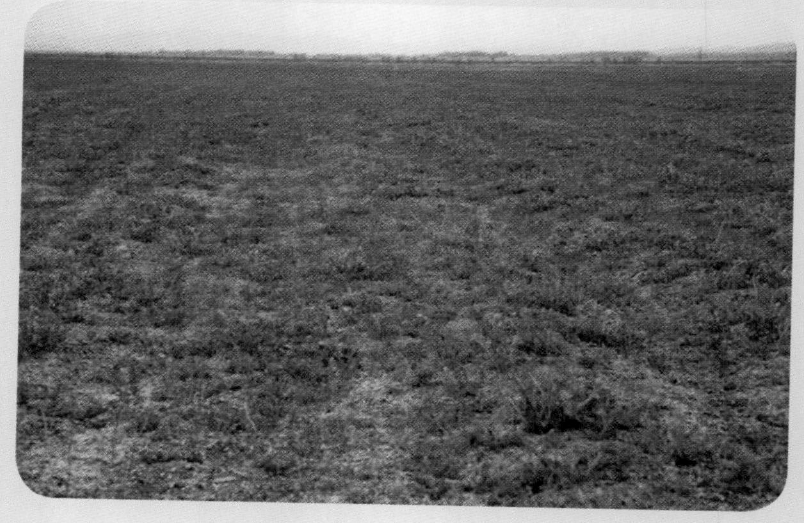

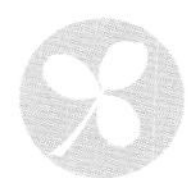

[illegible]

4. [illegible]

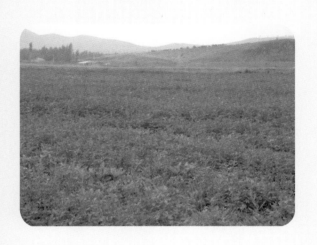

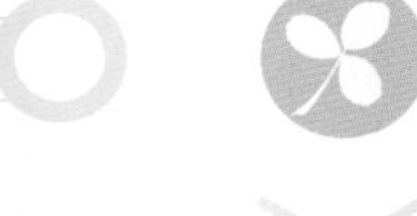

（三）苜蓿和无芒雀麦混播

1. 选地

宜选择地势高燥、平坦、排水良好、土层深厚疏松、pH 6.8～8.2的壤土或沙壤土地块。

2. 整地

耕翻以秋翻、深松为宜，深度为20～25厘米。可顺耙、横耙或对角线耙，整平耙细。

3. 播种时间

5月上旬至7月中旬，最佳播种时间为6月上中旬。

4. 播种量

苜蓿播种量10.5～15千克/公顷，无芒雀麦播种量10.5～18千克/公顷。

（ᠭᠤᠷᠪᠠᠳᠤᠭᠠᠷ）ᠲᠠᠷᠢᠯᠭ᠎ᠠ ᠪᠣᠯᠤᠨ ᠰᠠᠷᠠ ᠮᠠᠯᠢᠶᠠᠨᠠ ᠶᠢᠨ ᠤᠷᠭᠤᠯᠲᠠ ᠣᠷᠴᠢᠨ

1. ᠬᠥᠷᠦᠰᠦ ᠱᠠᠭᠠᠷᠳᠯᠠᠭ᠎ᠠ

ᠬᠥᠷᠦᠰᠦ ᠶᠢᠨ ᠬᠤᠪᠢ ᠳᠠᠭᠠᠭᠠᠳ ᠰᠢᠷᠭᠢᠭᠡᠨ᠂ ᠬᠠᠷ᠎ᠠ ᠰᠢᠷᠣᠢ᠂ ᠨᠢᠭᠤᠯ ᠰᠢᠷᠣᠢ ᠳᠤ ᠲᠠᠷᠢᠨ᠎ᠠ᠂ ᠬᠥᠷᠦᠰᠦᠨ ᠦ ᠭᠦᠨ ᠳᠠᠪᠬᠤᠷᠭ᠎ᠠ ᠵᠤᠵᠠᠭᠠᠨ ᠬᠥᠷᠦᠰᠦ᠂ pH ᠤᠨ ᠬᠡᠮᠵᠢᠶ᠎ᠡ ᠨᠢ 6.8~8.2 ᠪᠠᠢᠬᠤ ᠬᠥᠷᠦᠰᠦ ᠳᠤ ᠰᠠᠢᠨ ᠤᠷᠭᠤᠨ᠎ᠠ᠂ ᠬᠥᠷᠦᠰᠦᠨ ᠦ ᠳᠠᠪᠤᠰᠤ ᠶᠢᠨ ᠬᠡᠮᠵᠢᠶ᠎ᠡ ᠳᠤ ᠲᠡᠰᠪᠦᠷᠢ ᠰᠠᠢᠲᠠᠢ᠃

2. ᠬᠥᠷᠦᠰᠦ ᠴᠢᠭᠢᠭᠰᠢᠯ

ᠬᠥᠷᠦᠰᠦ ᠶᠢᠨ ᠴᠢᠭᠢᠭᠰᠢᠯ ᠨᠢ 20~25 ᠬᠤᠪᠢ ᠶᠢᠨ ᠬᠡᠮᠵᠢᠶᠡᠨ ᠳᠦ ᠪᠠᠢᠬᠤ ᠳᠤ ᠰᠠᠢᠨ᠂ ᠤᠰᠤᠨ ᠤ ᠬᠡᠮᠵᠢᠶ᠎ᠡ ᠶᠢ ᠲᠠᠭᠠᠷᠠᠭᠤᠯᠤᠨ ᠵᠣᠬᠢᠴᠠᠭᠤᠯᠬᠤ ᠬᠡᠷᠡᠭᠲᠡᠢ᠃

3. ᠠᠭᠠᠷ ᠤᠨ ᠴᠢᠭᠢᠭᠰᠢᠯ

5 ᠰᠠᠷ᠎ᠠ ᠠᠴᠠ 7 ᠰᠠᠷ᠎ᠠ ᠳᠤ ᠠᠭᠠᠷ ᠤᠨ ᠳᠤᠮᠳᠠᠳᠤ ᠴᠢᠭᠢᠭᠰᠢᠯ ᠨᠢ ᠪᠠᠭ᠎ᠠ᠂ ᠬᠠᠭᠤᠷᠠᠢ ᠪᠠᠢᠬᠤ ᠶᠢᠨ ᠬᠠᠮᠲᠤ 6 ᠰᠠᠷ᠎ᠠ ᠠᠴᠠ ᠬᠣᠢᠰᠢ ᠠᠭᠠᠷ ᠤᠨ ᠳᠤᠮᠳᠠᠳᠤ ᠴᠢᠭᠢᠭᠰᠢᠯ ᠢᠯᠡᠭᠦᠦ ᠪᠣᠯᠤᠨ᠎ᠠ᠃

4. ᠠᠭᠠᠷ ᠤᠨ ᠳᠤᠯᠠᠭᠠᠴᠠ

ᠠᠮᠢᠳᠤᠷᠠᠯ ᠤᠨ ᠠᠭᠠᠷ ᠤᠨ ᠳᠤᠯᠠᠭᠠᠴᠠ ᠨᠢ 10.5~15 ᠭᠷᠠᠳᠦ᠋ᠰ \ ᠬᠠᠷᠢᠴᠠᠩᠭᠤᠢ᠂ ᠰᠠᠷ᠎ᠠ ᠶᠢᠨ ᠳᠤᠮᠳᠠᠳᠤ ᠠᠭᠠᠷ ᠤᠨ ᠳᠤᠯᠠᠭᠠᠴᠠ ᠨᠢ 10.5~18 ᠭᠷᠠᠳᠦ᠋ᠰ \ ᠬᠠᠷᠢᠴᠠᠩᠭᠤᠢ ᠪᠠᠢᠬᠤ ᠳᠤ ᠲᠣᠬᠢᠷᠠᠮᠵᠢᠲᠠᠢ᠃

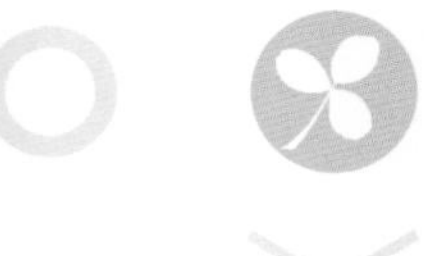

5. 播种方法

同行播种，行距20厘米，播种深度1～3厘米，播后及时镇压。

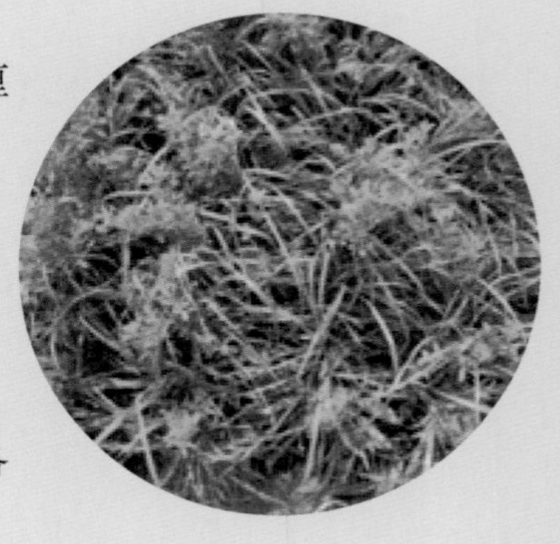

6. 施肥与灌溉

播种前施腐熟农家肥20～30吨/公顷，无芒雀麦分蘖至拔节期施入硫酸铵225～300千克/公顷或磷酸二铵150千克/公顷。每次刈割后，可追施磷酸二铵75～150千克/公顷。有条件地区，宜在播种前、苗期和每次刈割后各灌水1次。遇涝需要及时排水。

7. 收获

播种当年可霜后刈割1次。第二年以后每年刈割2次，首次刈割在初花期，隔40～45天刈割1次，最后一次刈割应在初霜后，留茬高度5～8厘米。

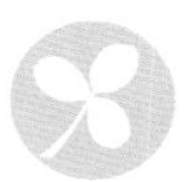

5. ᠬᠠᠳᠤᠬᠤ ᠥᠨᠳᠥᠷ

20 ᠰᠠᠨᠲ᠋ᠢᠮᠧᠲ᠋ᠷ ᠲᠤ ᠬᠦᠷᠴᠦ ᠡᠨᠳᠡ ᠬᠠᠳᠤᠬᠤ ᠳᠤ 1~3 ᠰᠠᠨᠲ᠋ᠢᠮᠧᠲ᠋ᠷ ᠦᠯᠡᠳᠡᠭᠡᠨ ᠬᠠᠳᠤᠨ᠎ᠠ᠂ ᠬᠠᠳᠤᠯᠲᠠ ᠶᠢᠨ ᠬᠠᠭᠤᠳᠤ ᠬᠠᠳᠠᠭᠠᠯᠠᠭᠤᠯᠬᠤ ᠬᠡᠷᠡᠭᠲᠡᠢ᠃

6. ᠪᠣᠣᠳᠠᠰᠤ ᠣᠷᠣᠭᠤᠯᠬᠤ ᠪᠠ ᠤᠰᠤᠯᠠᠬᠤ

ᠬᠠᠳᠤᠬᠤ ᠶᠢᠨ ᠡᠮᠦᠨ᠎ᠡ ᠪᠣᠣᠳᠠᠰᠤᠵᠢᠭᠤᠯᠤᠭᠰᠠᠨ ᠭᠠᠵᠠᠷ ᠪᠣᠭᠣᠳᠠᠰᠤ ᠶᠢ 20 ~ 30 ᠲᠣᠨ / ᠭᠧᠺᠲ᠋ᠠᠷ ᠣᠷᠣᠭᠤᠯᠤᠨ᠎ᠠ᠂ ᠬᠠᠪᠤᠷ ᠤᠨ ᠬᠠᠭᠤᠷᠠᠢ ᠬᠤᠪᠢ ᠳᠤ ᠪᠣᠷᠤᠭᠤ ᠣᠷᠣᠭᠤᠯᠤᠨ ᠳᠤ ᠤᠰᠤᠯᠠᠭᠠᠷᠠᠢ ᠣᠷᠣᠭᠤᠯᠤᠨ ᠲᠠ ᠭᠠᠵᠠᠷ ᠲᠤ ᠪᠣᠣᠳᠠᠰᠤ ᠶᠢᠨ ᠬᠡᠮᠵᠢᠶ᠎ᠡ ᠨᠢ 225~300 ᠺᠢᠯᠤᠭ᠌ᠷᠠᠮ / ᠭᠧᠺᠲ᠋ᠠᠷ ᠣᠷᠣᠭᠤᠯᠤᠭᠰᠠᠨ ᠪᠠᠶᠢᠳᠠᠯ ᠳᠤ ᠬᠠᠳᠠᠯᠠᠨ᠎ᠠ᠃ ᠬᠠᠷᠢᠨ ᠪᠠᠶᠢᠭᠠ ᠭᠠᠵᠠᠷ ᠤᠨ ᠨᠢ 150 ᠺᠢᠯᠤᠭ᠌ᠷᠠᠮ / ᠭᠧᠺᠲ᠋ᠠᠷ ᠣᠷᠣᠭᠤᠯᠤᠭᠳᠠᠨ᠎ᠠ᠃ ᠬᠠᠷᠢᠨ ᠪᠠᠶᠢᠭᠠ ᠭᠠᠵᠠᠷ ᠲᠤ ᠪᠣᠣᠳᠠᠰᠤ ᠶᠢᠨ ᠬᠡᠮᠵᠢᠶ᠎ᠡ 75~150 ᠺᠢᠯᠤᠭ᠌ᠷᠠᠮ / ᠭᠧᠺᠲ᠋ᠠᠷ ᠪᠠᠶᠢᠨ᠎ᠠ᠃ ᠬᠠᠪᠤᠷ ᠤᠨ ᠡᠬᠢᠨ ᠳᠤ ᠬᠠᠳᠤᠭᠰᠠᠨ ᠤ ᠳᠠᠷᠠᠭ᠎ᠠ ᠤᠰᠤᠯᠠᠬᠤ ᠪᠠᠶᠢᠳᠠᠯ ᠢ ᠬᠠᠷᠠᠭᠠᠯᠵᠠᠨ ᠤᠰᠤᠯᠠᠨ ᠪᠣᠯᠤᠨ᠎ᠠ᠃ ᠬᠠᠳᠤᠬᠤ ᠶᠢᠨ ᠡᠮᠦᠨ᠎ᠡ ᠤᠰᠤᠯᠠᠬᠤ ᠦᠭᠡᠢ ᠪᠣᠯᠪᠠᠰᠤ ᠤᠰᠤᠨ ᠤ ᠬᠡᠮᠵᠢᠶ᠎ᠡ ᠶᠢ ᠬᠠᠳᠠᠭᠠᠯᠠᠬᠤ ᠪᠣᠯᠪᠠᠰᠤ ᠪᠣᠯᠤᠨ᠎ᠠ᠃

7. ᠬᠠᠳᠠᠭᠠᠯᠠᠬᠤ

ᠬᠠᠳᠠᠭᠠᠯᠠᠬᠤ ᠪᠠᠶᠢᠷᠢ ᠨᠢ ᠬᠠᠭᠤᠷᠠᠢ ᠪᠠᠶᠢᠬᠤ ᠶᠢᠨ ᠬᠠᠷᠠᠭᠠᠯᠵᠠ ᠳᠤ ᠬᠠᠳᠠᠭᠠᠯᠠᠬᠤ ᠪᠠᠶᠢᠳᠠᠯ ᠢ ᠪᠣᠯᠪᠠᠰᠤᠷᠠᠭᠤᠯᠤᠨ᠎ᠠ᠃ ᠭ᠋ᠷᠠᠳᠦ᠋ᠰ ᠤᠨ ᠬᠠᠭᠤᠷᠠᠢ ᠪᠣᠯᠪᠠᠰᠤ᠂ 5~8 ᠰᠠᠨᠲ᠋ᠢᠮᠧᠲ᠋ᠷ ᠥᠨᠳᠥᠷ ᠲᠡᠢ ᠪᠣᠯᠪᠠᠰᠤᠷᠠᠭᠤᠯᠤᠭᠰᠠᠨ ᠪᠠᠶᠢᠳᠠᠯ ᠳᠤ᠂ 40 ~ 45 ᠬᠣᠨᠤᠭ ᠬᠠᠳᠠᠭᠠᠯᠠᠵᠤ ᠪᠣᠯᠤᠨ᠎ᠠ᠃ ᠬᠠᠭᠤᠷᠠᠢ ᠪᠠᠶᠢᠬᠤ ᠬᠡᠷᠡᠭᠲᠡᠢ᠂ ᠬᠠᠳᠠᠭᠠᠯᠠᠬᠤ ᠪᠠᠶᠢᠷᠢ ᠶᠢᠨ ᠬᠠᠭᠤᠷᠠᠢ ᠪᠠᠶᠢᠬᠤ ᠪᠠᠶᠢᠳᠠᠯ ᠢ ᠬᠠᠳᠠᠭᠠᠯᠠᠬᠤ ᠪᠣᠯᠪᠠᠰᠤ ᠪᠣᠯᠤᠨ᠎ᠠ᠃ ᠬᠠᠳᠠᠭᠠᠯᠠᠬᠤ ᠬᠡᠷᠡᠭᠲᠡᠢ᠃

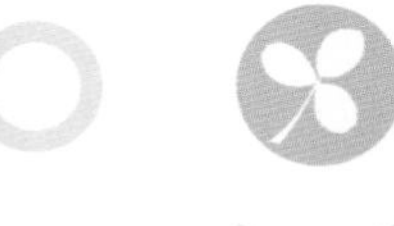

（四）果园套种

1. 整地

一般在上一年的夏季或秋季进行翻耕，将杂草翻入土层中，用钉齿耙反复耙地，将草根搂出，耙平地表。如果在播种前杂草过多，还要翻耕或旋耕一遍，然后耙平耱细，达到播种要求。结合整地可施入有机肥或化肥。

2. 播种

春季或夏季播种苜蓿，一年两熟地区可秋播，寒旱地区也可采用临冬寄子播种的方法。果树行间播种、树间播种和全园种植。行间条播，行距为30 ～ 40厘米。播种量11.25 ～ 15千克/公顷，覆土深度为1厘米左右。

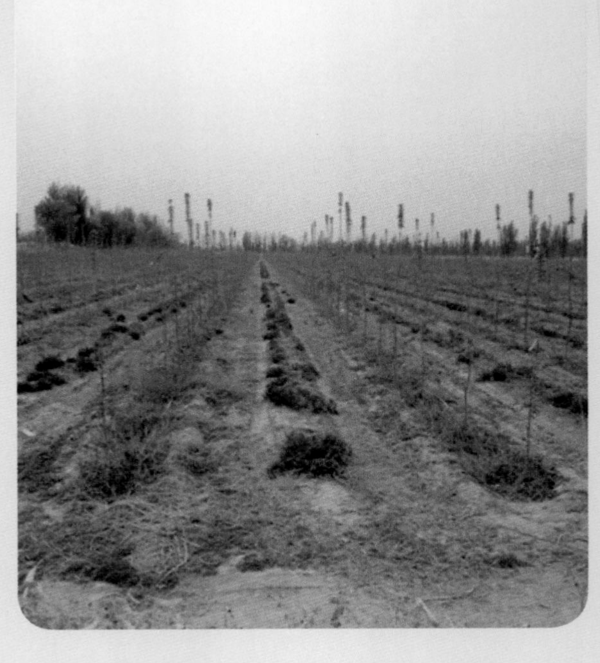

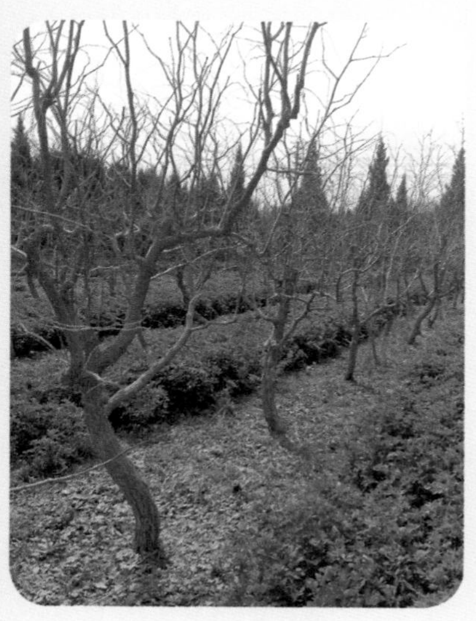

([illegible]) [illegible]

1. [illegible]

[illegible]

2. [illegible]

[illegible]

11.25~15 [illegible] 30~40 [illegible]

[illegible] 1 [illegible]

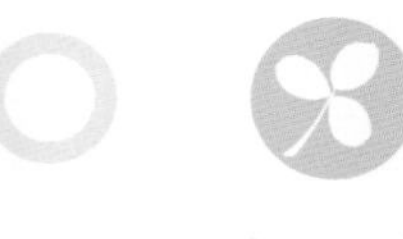

3. 田间管理

苗期及时除掉杂草，增加通风透光性。幼苗高度达到3 ～ 5厘米时喷施除草剂或人工拔除杂草。入冬前、返青后或刈割后及时浇水，干旱时结合全果园一起浇水。结合浇水可追施磷钾肥，以提高牧草产量。遇涝时需要及时排水。

4. 利用

可在初花期至盛花期刈割。可直接将鲜草饲喂猪、牛、羊等家畜，也可调制成干草饲料喂牛、羊等家畜。同时可以作为鸡、鸭、鹅等禽类的放牧草地，直接放牧。

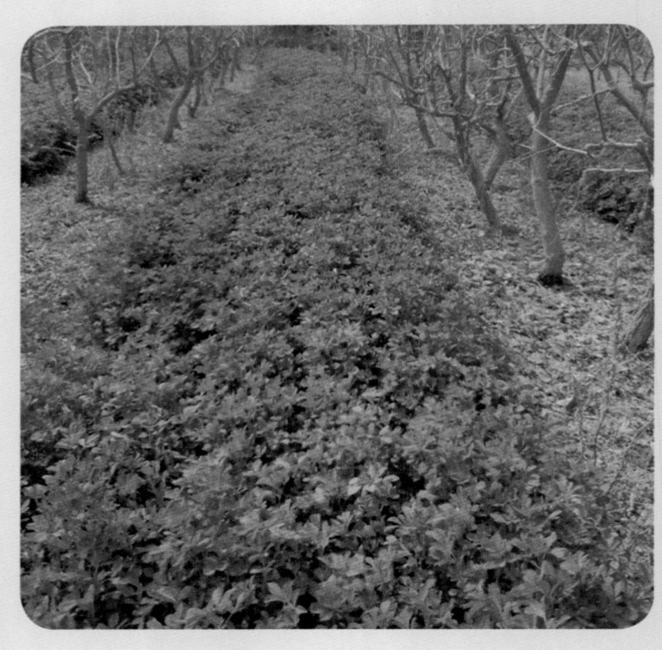

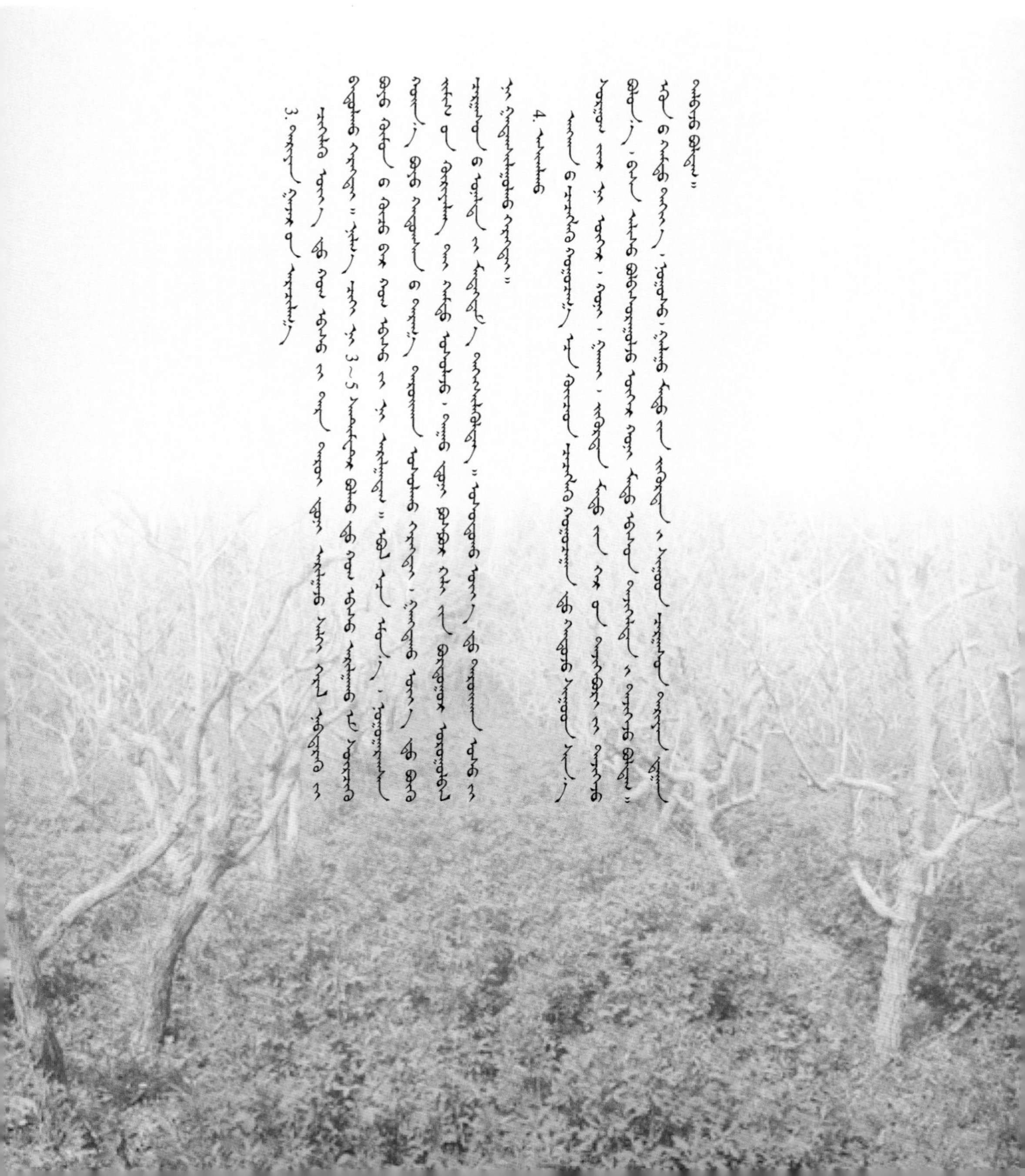

3. [illegible]

[illegible]

4. [illegible]

[illegible]